JN056954

零和への道

―ζの十二箇月―

黒川 信重 著

現代数学社

はじめに

数を研究する数論は現代数学の中でもとりわけ活発な領域です．その中心となるものがゼータの考察です．

本書では，ゼータの研究を 12 章にわたって解説します．そこには，オイラー，リーマン，ランダウ，ラマヌジャン，ハッセ，エスターマン，ヴェイユ，セルバーグ，井草準一，グロタンディーク，ラングランズという代表的研究者の紹介もあります．数学が数学研究者によって発展して来た様子がわかります．

本書のタイトルにある零和とは，ゼータの零点の和を指しています．ゼータの探求では零点の研究が格別重要となります．数学最高の未解決問題として有名なリーマン予想はゼータの零点問題です．そこに数学の未来を示す零和からの道が続いています．

現代のような，明日を見通せない不確実な時代には，数学書を手にする人が多くなると聞きます．数学は，難しくてわからないが素晴らしい，というあいまいなものではありません．数学は着実に理解できるものです．そして，確実な数学を手に入れたい，となるのは当然なことでしょう．本書が，その一助となれば幸いです．

それでは，本書によってゼータの世界を楽しんでください．

2020 年 6 月 12 日　　　　黒川信重

目次

はじめに ……… i

4月

第1章　ゼータ入門 ……… 1

1.1　古典入門 ……… 1
1.2　オイラー：4月のゼータ者 ……… 6
1.3　ラングランズ予想 ……… 10
1.4　絶対入門 ……… 14

5月

第2章　合同ゼータと絶対ゼータ ……… 19

2.1　合同ゼータ ……… 19
2.2　ヴェイユ：5月のゼータ者 ……… 28
2.3　絶対ゼータ ……… 31
2.4　固有値から見た20世紀数学 ……… 32

6月

第3章　セルバーグゼータ ……… 35

3.1　セルバーグゼータ ……… 35
3.2　セルバーグ：6月のゼータ者 ……… 46
3.3　絶対セルバーグゼータ ……… 47

7月

第4章　リーマン予想 51

4.1　リーマン予想 51
4.2　リーマン：7月のゼータ者 57
4.3　固有値解釈 59

8月

第5章　ハッセゼータ 67

5.1　ハッセゼータ 67
5.2　ハッセ：8月のゼータ者 73
5.3　ハッセゼータの変型版 77

9月

第6章　絶対ゼータ 83

6.1　ハッセゼータ 83
6.2　オイラー：9月のゼータ者 88
6.3　オイラーの絶対ゼータ研究 91
6.4　ハッセゼータの絶対化 97

10月

第7章　ラングランズ予想 101

7.1　ラングランズ予想 101
7.2　楕円曲線からフェルマー予想へ 103
7.3　佐藤テイト予想の証明 106

7.4　ラングランズ：10月のゼータ者 112
7.5　ラングランズガロア群 113
7.6　ラングランズ革命 116

11月

第8章　ゼータ育成 117

8.1　ゼータの合成 117
8.2　エスターマン：11月のゼータ者 123
8.3　エスターマンの結果 125
8.4　黒川の拡張 134

12月

第9章　ゼータ融合 137

9.1　ラマヌジャン融合 137
9.2　ラマヌジャン：12月のゼータ者 143
9.3　ランキン・セルバーグ融合 146
9.4　テンソル積 150
9.5　絶対テンソル積 154

1月

第10章　井草ゼータ 157

10.1　有限ゼータと井草ゼータ 157
10.2　代数的集合・スキームの井草ゼータ 162
10.3　井草準一：1月のゼータ者 165
10.4　自然境界 166

10.5　変形版 …… 168

2月

第11章　群ゼータ …… 177

11.1　群の類数 …… 177
11.2　ランダウ：2月のゼータ者 …… 183
11.3　群のゼータいろいろ …… 184

3月

第12章　零和時代 …… 193

12.1　零和構造とは何か …… 193
12.2　アッペル(1882年) …… 196
12.3　バーンズ(1904年) …… 198
12.4　零和とテンソル積 …… 200
12.5　合同ゼータと零和構造 …… 201
12.6　グロタンディーク：3月のゼータ者 …… 203
12.7　反例と口直し …… 207
12.8　零和時代 …… 209

あとがき …… 211

索引 …… 212

第1章 ゼータ入門

ゼータの門をくぐって50年になる．振り返ってみると，まわり道や誤解をしてきたことも多い．ここでは，ゼータにまつわるあれこれを記して行きたい．50年前に知っていたら，高校生の私に役に立ったであろうことを願っている．

ゼータに関しては，21世紀に入って，絶対ゼータ関数として革新されてきたのであるが，残念ながら，そのこと自体が専門家と呼ばれる人達にさえ正当に認識されていない．そこで，これまでの説（古典）と，これからの説（絶対）とを対比して解説したい．

ゼータ惑星の風景が伝わればうれしい．

1.1 古典入門

新入生の4月である．ゼータ入門をしよう．ゼータが話題に出るたびに，いつでも問題になることは，ゼータとは何か，ということである．それは時代によって異なってきたというところが実状である．ゼータも，地球の生き物と同じように，次第に新しいものが発見されてきたので，それとともにゼータ像も変わってきている．ゼータは「ゼータ惑星の生き物」と捉えておけば間違いはない．

ゼータを見る定番は，オイラー (1707–1783) やリーマン (1826–1866) の頃からのゼータ（ギリシア文字で ζ）

$$\zeta_{\mathbb{Z}}(s)=\sum_{n=1}^{\infty} n^{-s}=\prod_{p:\text{素数}}(1-p^{-s})^{-1}$$

から出発することである．右端の表示がオイラーが30歳となった1737年に発見した「オイラー積表示」である．ちなみに，中央の表示はそれ以前から考えられていたのであるが，「ディリクレ級数表示」という名前がついたのは，年代的にはオイラーとリーマンの中間の数学者ディリクレ（1805 – 1859）の研究によってである．さらに，ζ の名が付いたのは1859年にリーマンが短い論文を書いて，そのように記述したからであるというのが公式の見解である．ただし，

黒川信重『オイラーのゼータ関数論』現代数学社，2018年

の第12章（205ページ）で説明してある通り，オイラーはゼータに関してリーマンの87年前の1772年に書いたラテン語の論文（E432，1772年5月18日，65歳）にて Z（ラテン語では「ゼータ」）を既に使っていたことを注意しておこう．

昔は $\zeta(s)$ と書いていたのであるが，仲間が増えるにつれて，固有名を付けないと区別が難しくなる場面も多くなっていて，$\zeta_{\mathbb{Z}}(s)$ と書くのがわかりやすい．ここに付いている記号 $\mathbb{Z}$ は整数全体を表している：

$$\mathbb{Z}=\{0,\pm1,\pm2,\pm3,\cdots\}.$$

そうこうするうちに，ゼータの必要条件として三つの性質

(A) 関数等式

(B) 零点・極の明示式

(C) オイラー積

が挙げられるようになった．

まず，(C) は上の通りであり（成立する理由は少しあとで見よう），オイラー積によってゼータは素数に結び付き，ゼータの研

究が素数の解明に使えることになる．

次に，(A) は

$$\zeta_{\mathbb{Z}}(s) \longleftrightarrow \zeta_{\mathbb{Z}}(1-s)$$

という関係式であり，詳しく書くと

$$\zeta_{\mathbb{Z}}(1-s) = \zeta_{\mathbb{Z}}(s)\,2(2\pi)^{-s}\Gamma(s)\cos\left(\frac{\pi s}{2}\right)$$

となる．ここで，$\Gamma(s)$ はガンマ関数（オイラーが 1729 年に研究開始)，cos は三角関数（コサイン）である．

最後に，(B) は $\zeta_{\mathbb{Z}}(s)$ などのゼータの零点（値が 0 のところ）と極（値が無限大 ∞ のところ）は明示することが出来るという期待である．$\zeta_{\mathbb{Z}}(s)$ の場合でさえ明確な表示には到達していないのであるが

- $\zeta_{\mathbb{Z}}(s)$ の極は $s=1$ のみ，
- $\zeta_{\mathbb{Z}}(s)$ の零点のうち実数は $s=-2,-4,-6,\cdots$ のみ，

は知られている．数学最高の未解決問題として有名な**リーマン予想**は

> $\zeta_{\mathbb{Z}}(s)$ の零点のうち虚数となるものは $\mathrm{Re}(s)=\frac{1}{2}$（実部が $\frac{1}{2}$）をみたすであろう

というものであり，リーマンが 1859 年の論文にて提出した．2019 年で目出度く，ちょうど 160 年になる．

このように零点と極が注目の的となった理由は，**リーマンの素数公式**と呼ばれる公式

$$\pi(x) = \sum_{m=1}^{\infty}\frac{\mu(m)}{m}\left(\mathrm{Li}(x^{\frac{1}{m}}) - \sum_{\rho}\mathrm{Li}(x^{\frac{\rho}{m}}) + \int_{x^{\frac{1}{m}}}^{\infty}\frac{du}{(u^2-1)u\log u} - \log 2\right)$$

に $\zeta_{\mathbb{Z}}(s)$ の極と零点が必要になるからである．ここで，$\pi(x)$ は $x>1$ に対して x 以下の素数の個数を表し，そのグラフは素数のところでジャンプする階段状となる（正確には，素数の前後では $\frac{1}{2}$ 増えるようにする）．また，

$$\mathrm{Li}(x)=\int_0^x \frac{du}{\log u}$$

は対数積分である．極・零点との対応を明示すると，$\mathrm{Li}(x^{\frac{1}{m}})$ の項が極 $s=1$ から来ていて，$\mathrm{Li}(x^{\frac{\rho}{m}})$ の項が謎の虚零点 $s=\rho$ に対応している．さらに，

$$\int_{x^{\frac{1}{m}}}^{\infty} \frac{du}{(u^2-1)u\log u}=-\sum_{n=1}^{\infty}\mathrm{Li}(x^{\frac{-2n}{m}})$$

の項は実零点 $s=-2n$ $(n=1,2,3,\cdots)$ から出てくる．

なお，極や零点の寄与をもっと明快に見たければ，フォン・マンゴルト（1895年）がリーマンの素数公式を関数を単純化して書き直した素数公式

$$\psi(x)=x-\sum_{\rho}\frac{x^{\rho}}{\rho}-\frac{1}{2}\log\left(1-\frac{1}{x^2}\right)-\log(2\pi)$$

が適切である．ここで，

$$\psi(x)=\sum_{p^m\leqq x}\log p$$

であり，

$$\sum_{n=1}^{\infty}\frac{x^{-2n}}{-2n}=\frac{1}{2}\log\left(1-\frac{1}{x^2}\right)$$

も見やすい．

もちろん，これらの“素数公式”で問題となるのは，虚零点 ρ が明示されていないことであり，このままでは $\pi(x)$ も $\psi(x)$ も「求まった」とは言えず—したがって，素数全体も求まったとは言えない．

リーマン予想とは，単に，ρ の実部 $\mathrm{Re}(\rho)$ は $\dfrac{1}{2}$ になるだろうという予想であり，ρ の虚部 $\mathrm{Im}(\rho)$ については何も予言しない（ついでに言えば，$0<\mathrm{Re}(\rho)<1$ より良い評価—たとえば

$$0.000000001<\mathrm{Re}(\rho)<0.999999999$$

—は証明されていない）．したがって，リーマン予想が証明されたとしても $\pi(x)$ および $\psi(x)$ の公式は不完全である．実際，リーマン予想は $\pi(x)$ の評価式

$$|\pi(x)-\mathrm{Li}(x)|\leqq C\cdot x^{\frac{1}{2}}\log x$$

が $x\geqq 2$ に対して成立する定数 C が存在すること，すなわち

$$\limsup_{x\to\infty}\frac{|\pi(x)-\mathrm{Li}(x)|}{x^{\frac{1}{2}}\log x}<\infty$$

と同値であることが知られている（1901 年，コッホ）．同様にして

$$\text{リーマン予想} \Longleftrightarrow \limsup_{x\to\infty}\frac{|\psi(x)-x|}{x^{\frac{1}{2}}(\log x)^2}<\infty$$

である．

つまり，リーマン予想の効果は，$\pi(x)$ および $\psi(x)$ を精密に求めることには，はるかに及ばず，かなりの誤差（$\sqrt{x}$ 程度）を含んだ形になってしまうのである，したがって，$\pi(x)$ および $\psi(x)$ を正確に書くには，リーマン予想で不問にされている虚部 $\mathrm{Im}(\rho)$ を求めることが必須となるのである．

ちなみに，リーマン予想を深めた**深リーマン予想**（赤塚広隆による赤塚予想，2017 年論文出版）とは

$$\lim_{x\to\infty}\frac{\psi(x)-x}{x^{\frac{1}{2}}\log x}=0$$

であり，リーマン予想を軽快に導き，虚部 $\mathrm{Im}(\rho)$ にまで踏み込んだ予想となっている．

1.2　オイラー：4月のゼータ者

4月15日生まれのオイラーは $\zeta_{\mathbb{Z}}(s)$ に関して

(1) 特殊値表示（1735年，28歳）

(2) オイラー積表示（1737年，30歳）

(3) 関数等式（1739年，32歳）

(4) 積分表示（1768年，61歳）

(5) $\zeta(3)$ の表示（1772年，65歳）

という基本的な発見を一人でしてしまっている．何人分もの仕事であり，ゼータの話ではオイラーは何度登場してもおかしくない．

簡単に概要を見ておこう．(1) は

$$\zeta_{\mathbb{Z}}(2)=\frac{\pi^2}{6},$$
$$\zeta_{\mathbb{Z}}(4)=\frac{\pi^4}{90},$$
$$\zeta_{\mathbb{Z}}(6)=\frac{\pi^6}{945},$$
$$\zeta_{\mathbb{Z}}(8)=\frac{\pi^8}{9450}$$

のようになっていて，一般に

$$\zeta_{\mathbb{Z}}(2n)=(-1)^{n-1}\frac{B_{2n}(2\pi)^{2n}}{2(2n)!}\quad(n=1,2,3,\cdots)$$

である．ここで，ベルヌイ数 B_k は級数展開

$$\sum_{k=0}^{\infty}\frac{B_k}{k!}x^k=\frac{x}{e^x-1}$$

によって決まる有理数であり，$B_0=1$, $B_1=-\frac{1}{2}$, $B_2=\frac{1}{6}$,

$B_3=0$, $B_4=-\frac{1}{30}$, $B_5=0$, $B_6=\frac{1}{42}$, $B_7=0$, $B_8=-\frac{1}{30}$,

$B_9=0,\ B_{10}=\frac{5}{66},\ \cdots$ となっている．

(2) は

$$\zeta_{\mathbb{Z}}(s)=\prod_{p:\text{素数}}(1-p^{-s})^{-1}$$

という，すでに触れた等式である．これは，

$$\zeta_{\mathbb{Z}}(s)=\sum_{n=1}^{\infty}n^{-s}$$

を"因数分解"したものである．それを確かめるには（$\mathrm{Re}(s)>1$ に対して）

$$\begin{aligned}\prod_{p:\text{素数}}(1-p^{-s})^{-1}&=(1-2^{-s})^{-1}\times(1-3^{-s})^{-1}\\&\quad\times(1-5^{-s})^{-1}\times(1-7^{-s})^{-1}\times\cdots\\&=(1+2^{-s}+4^{-s}+8^{-s}+16^{-s}+32^{-s}+\cdots)\\&\quad\times(1+3^{-s}+9^{-s}+27^{-s}+81^{-s}+\cdots)\\&\quad\times(1+5^{-s}+25^{-s}+125^{-s}+\cdots)\\&\quad\times(1+7^{-s}+49^{-s}+\cdots)\\&\quad\times\cdots\\&=1+2^{-s}+3^{-s}+4^{-s}+5^{-s}+6^{-s}+7^{-s}+8^{-s}\\&\qquad+9^{-s}+10^{-s}+\cdots\end{aligned}$$

と展開してみればよい（素因数分解の一意性を使っている）．ここで，級数展開

$$\frac{1}{1-x}=1+x+x^2+x^3+\cdots$$

を $x=p^{-s}$ に対して用いて

$$(1-p^{-s})^{-1}=1+p^{-s}+p^{-2s}+p^{-3s}+\cdots$$

としている．

(3) は関数等式

$$\zeta_{\mathbb{Z}}(1-s)=\zeta_{\mathbb{Z}}(s)\,2(2\pi)^{-s}\Gamma(s)\cos\left(\frac{\pi s}{2}\right)$$

である．オイラーの研究を前進させたリーマンは対称な関数等

式

$$\hat{\zeta}_{\mathbb{Z}}(s)=\hat{\zeta}_{\mathbb{Z}}(1-s)$$

に書き換えられることを発見する（1859年）．ただし，

$$\hat{\zeta}_{\mathbb{Z}}(s)=\prod_{p\leqq\infty}\zeta_p(s),$$

$$\zeta_p(s)=\begin{cases}(1-p^{-s})^{-1} \cdots\cdots p\text{は素数},\\ \pi^{-\frac{s}{2}}\Gamma\left(\frac{s}{2}\right)\cdots\cdots p=\infty\end{cases}$$

である．とくに，$\zeta_\infty(s)$ をガンマ因子と呼ぶ．

(4) は積分表示

$$\zeta_{\mathbb{Z}}(s)=\frac{1}{\Gamma(s)}\int_0^1\frac{\left(\log\frac{1}{x}\right)^{s-1}}{1-x}dx$$

であり，2018年は積分表示の発見250周年という記念すべき年であった．この積分表示は91年後の1859年にリーマンによって $x=e^{-t}$ として書き換えた形

$$\zeta_{\mathbb{Z}}(s)=\frac{1}{\Gamma(s)}\int_0^\infty\frac{t^{s-1}}{e^t-1}dt$$

になって，$\zeta_{\mathbb{Z}}(s)$ の複素解析関数としての解析接続に用いられることになる．

(5) は

$$\zeta_{\mathbb{Z}}(3)=\frac{2\pi^2}{7}\log 2+\frac{16}{7}\int_0^{\frac{\pi}{2}}x\log(\sin x)dx$$

という表示式である．これは，三重三角関数

$$\mathcal{S}_3(s)=e^{\frac{s^2}{2}}\prod_{n=1}^{\infty}\left\{\left(1-\frac{s^2}{n^2}\right)^{n^2}e^{s^2}\right\}$$

を使うと

$$\zeta_{\mathbb{Z}}(3)=\frac{8\pi^2}{7}\log\left(\mathcal{S}_3\left(\frac{1}{2}\right)^{-1}2^{\frac{1}{4}}\right)$$

とまとめることができる．詳しくは

黒川信重『現代三角関数論』岩波書店，2013

を熟読されたいが，要点は次の通りである．

まず，

$$\log \mathcal{S}_3(s)=\frac{s^2}{2}+\sum_{n=1}^{\infty}\left\{n^2\log\left(1-\frac{s^2}{n^2}\right)+s^2\right\}$$

を微分することによって

$$\begin{aligned}\frac{\mathcal{S}_3'(s)}{\mathcal{S}_3(s)}&=s+\sum_{n=1}^{\infty}\left\{n^2\cdot\frac{2s}{s^2-n^2}+2s\right\}\\&=s+\sum_{n=1}^{\infty}\frac{2s^3}{s^2-n^2}\\&=s^2\left(\frac{1}{s}+\sum_{n=1}^{\infty}\frac{2s}{s^2-n^2}\right)\\&\overset{☆}{=}s^2\pi\cot(\pi s)\end{aligned}$$

となるので（☆ではオイラーの公式

$$\pi\cot(\pi s)=\frac{1}{s}+\sum_{n=1}^{\infty}\frac{2s}{s^2-n^2}$$

を用いているが，それはオイラーの 1735 年の (1) のための公式

$$\sin(\pi s)=\pi s\prod_{n=1}^{\infty}\left(1-\frac{s^2}{n^2}\right)$$

を対数微分—対数をとって微分—したものとなっている），$\mathcal{S}_3(0)=1$ に注意すると

$$\mathcal{S}_3(s)=\exp\left(\int_0^s \pi u^2\cot(\pi u)du\right)$$

がわかる．したがって，

$$\log \mathcal{S}_3\left(\frac{1}{2}\right)=\int_0^{\frac{1}{2}}\pi u^2\cot(\pi u)du$$

となる．ここで，部分積分により

$$\begin{aligned}\log \mathcal{S}_3\left(\frac{1}{2}\right) &= [u^2 \log(\sin \pi u)]_0^{\frac{1}{2}} - \int_0^{\frac{1}{2}} 2u \log(\sin \pi u) du \\ &= -2\int_0^{\frac{1}{2}} u \log(\sin \pi u) du \\ &= -\frac{2}{\pi^2}\int_0^{\frac{\pi}{2}} x \log(\sin x) dx\end{aligned}$$

となり（$\pi u = x$ とおいた），オイラーの (5) は

$$\begin{aligned}\zeta_{\mathbb{Z}}(3) &= \frac{2\pi^2}{7}\log 2 - \frac{8\pi^2}{7}\log \mathcal{S}_3\left(\frac{1}{2}\right) \\ &= \frac{8\pi^2}{7}\log\left(\mathcal{S}_3\left(\frac{1}{2}\right)^{-1} 2^{\frac{1}{4}}\right)\end{aligned}$$

となるのである．ゼータ紀行は計算する楽しみにあふれているので鍛えておこう．

オイラーのゼータ関数研究に関しては既出の『オイラーのゼータ関数論』を参照されたい．同書は，オイラーの絶対ゼータ関数研究も発見し報告している．

1.3　ラングランズ予想

20 世紀には，ゼータの三要件

(A) 関数等式

(B) 零点・極の明示式

(C) オイラー積

を中心に研究が進み，ゼータの統一理論として**ラングランズ予想**がラングランズ（1936 年生れ）によって 1970 年に提出された．それは

> $n=1,2,3,\cdots$ に対して n 次の良いオイラー積は $\mathrm{GL}(n)$ の保型表現（保型形式） π のゼータ関数 $L(s,\pi)$ で尽きる

というものである．“良い”とは (A) をみたすものと考えておけばよい．$n=1$ のときは

$$\zeta_{\mathbb{Z}}(s)=\prod_{p:\text{素数}}(1-p^{-s})^{-1}$$

が代表的であるが，オイラーが考えた

$$L(s,\chi_{-4})=\prod_{p:\text{奇素数}}\left(1-(-1)^{\frac{p-1}{2}}p^{-s}\right)^{-1}$$

もそうである．$n=2$ では 1916 年にラマヌジャンが研究した

$$L(s,\Delta)=\prod_{p:\text{素数}}(1-\tau(p)p^{-s}+p^{11-2s})^{-1}$$

が見やすい．ここで，

$$\Delta=q\prod_{n=1}^{\infty}(1-q^n)^{24}=\sum_{n=1}^{\infty}\tau(n)q^n$$

であり，

$$q=e^{2\pi iz}\quad(\mathrm{Im}(z)>0)$$

である．このとき，$\Delta(z)$ は

$$\Delta\left(-\frac{1}{z}\right)=z^{12}\Delta(z)$$

という保型性（重さ 12）をもち，保型形式となっている．さらに，

$$\begin{aligned}L(s,\Delta)&=\prod_{p:\text{素数}}(1-\tau(p)p^{-s}+p^{11-2s})^{-1}\\&=\sum_{n=1}^{\infty}\tau(n)n^{-s}\end{aligned}$$

が成立する．2 次のオイラー積という意味は

$$1-\tau(p)p^{-s}+p^{11-2s}=(1-\alpha(p)\,p^{-s})(1-\beta(p)\,p^{-s})$$

と分解してみると明確になる．ただし，

$$\begin{cases} \alpha(p)+\beta(p)=\tau(p), \\ \alpha(p)\,\beta(p)=p^{11} \end{cases}$$

である．ラマヌジャンは

ラマヌジャン予想

$$|\alpha(p)|=|\beta(p)|=p^{\frac{11}{2}}$$

を提出した．これは

$$|\tau(p)|\leqq 2p^{\frac{11}{2}}$$

つまり

$$\tau(p)=2p^{\frac{11}{2}}\cos(\theta(p))$$

となる $0\leqq\theta(p)\leqq\pi$ が存在することと同値であり，1974 年にドリーニュによって証明された．ラマヌジャン予想は（局所）ゼータ関数

$$L_p(s,\Delta)=(1-\tau(p)\,p^{-s}+p^{11-2s})^{-1}$$

に対する（B）の性質

$L_p(s,\Delta)$ の極はすべて $\mathrm{Re}(s)=\dfrac{11}{2}$ にある

という“リーマン予想”と同値であり，ドリーニュは p 元体 $\mathbb{F}_p$ 上のスキームの（合同）ゼータ関数の“リーマン予想”をグロタンディーク（1928–2014）の膨大な仕事を基に証明することによって，ラマヌジャン予想を導いたのである．ちなみに，$L(s,\Delta)$ の性質（A）は

$$\hat{L}(12-s,\Delta)=\hat{L}(s,\Delta)$$

である．ここで，

$$\hat{L}(s,\Delta)=\prod_{p\leqq\infty}L_p(s,\Delta),$$

$$L_p(s,\Delta)=\begin{cases}(1-\tau(p)p^{-s}+p^{11-2s})^{-1} & \cdots\cdots\ p\text{は素数},\\ (2\pi)^{-s}\Gamma(s) & \cdots\cdots\ p=\infty\end{cases}$$

である．この $L_\infty(s,\Delta)$ もガンマ因子である．$L(s,\Delta)$ の関数等式 (A) は Δ の保型性から導くことができる．

ラングランズ予想は提出以来50年が経とうとしているものの，一般の場合を解決できる見込みは立っていない (一般的解決は2050年頃であろうか)．現実問題として，ラングランズ予想の重要な点は，その一部を証明することによって大問題の解決に至っているところにある．2例あげておこう：

(1) フェルマー予想の証明 (ワイルズ，テイラー；1995年論文出版)，

(2) 佐藤テイト予想の証明 (テイラーたち4人組；2011年論文出版)．

(1) の場合は，「2次のオイラー積となる楕円曲線 E のゼータ関数 $L(s,E)$ に対してラングランズ予想 (この場合には1955年に谷山豊が提出の谷山予想) によって

$$L(s,E)=L(s,F)$$

となる GL(2) の保型形式 F (重さ 2) が存在する」という部分を確立することによって証明が完了した (フェルマー予想の提出は1637年頃であり解決までに357年か358年程が必要だった)．

(2) では

「$m=1,2,3,\cdots$ に対して $m+1$ 次のオイラー積

$$L(s,\Delta,Sym^m)=\prod_{p:\text{素数}}[(1-\alpha(p)^m p^{-s})(1-\alpha(p)^{m-1}\beta(p)p^{-s})\\ \cdots(1-\alpha(p)\beta(p)^{m-1}p^{-s})(1-\beta(p)^m p^{-s})]^{-1}$$

が GL$(m+1)$ の保型表現 π_m によって

$$L(s, \Delta, Sym^m) = L(s, \pi_m)$$

と書ける」というラングランズ予想の一部を証明することによって

佐藤テイト予想（佐藤幹夫が 1963 年 5 月に提出）

$0 \leqq \theta_1 < \theta_2 \leqq \pi$ に対して

$$\lim_{x \to \infty} \frac{|\{p \leqq x \,|\, \theta_1 \leqq \theta(p) \leqq \theta_2\}|}{\pi(x)} = \int_{\theta_1}^{\theta_2} \frac{2}{\pi} \sin^2 \theta d\theta$$

が成り立つ

が導かれたのである．

ラングランズ予想の要点は，n 次のオイラー積の性質（A）（解析接続を含む；関数等式の前提として解析接続が必要である）を証明することであり，それが何処の双対性（duality）から来ているのかを探求するところにある．

さらに，“良いオイラー積”という観点からは，オイラー積の中心（関数等式（A）の）における“超収束”を意味する**深リーマン予想**が（A）（B）（C）を総合した形として深い示唆を与えている．

1.4　絶対入門

これまでの定番のゼータ $\zeta_{\mathbb{Z}}(s)$ は難しい．ゼータの条件（A）（B）（C）とは言うものの，$\zeta_{\mathbb{Z}}(s)$ の場合ですら（B）（リーマン予想等）はわかっていない．幸いなことに，21 世紀になって，この状況は改善されてきている．それは，絶対ゼータというものが普及してきたからである．絶対ゼータの詳しい話は，そのうちにすることにしたい（その起源は『オイラーのゼータ関数論』

に報告した通りオイラーの1774年〜1776年の研究にあった）が，一例を挙げると

$$\zeta_{\mathbb{G}m/\mathbb{F}_1}(s)=\zeta_{\mathrm{GL}(1)/\mathbb{F}_1}(s)=\frac{s}{s-1}$$

である．これについては

(A) 関数等式

(B) 零点・極の明示式

ともに明快である．(A) は

$$\begin{aligned}\zeta_{\mathbb{G}m/\mathbb{F}_1}(1-s)&=\frac{s-1}{s}\\&=\zeta_{\mathbb{G}m/\mathbb{F}_1}(s)^{-1}\end{aligned}$$

であり，(B) は

$$\begin{cases}\text{零点}: s=0\text{のみ}\\ \text{極}: s=1\text{のみ}\end{cases}$$

という簡単さである．

ただし，20世紀までの古典ゼータの場合に要件とされた (C) は無くなっている．つまり，21世紀には (A) (B) を注視すれば良いということになったのである．この視点の変化によって，ガンマ因子，多重ガンマ関数，多重三角関数，等々の重要な関数がゼータの仲間入りを果せたのである．

古典ゼータ $L(s,\Delta)$ の関数等式が Δ の保型性から導かれることと同様に，絶対ゼータ $\zeta_{\mathbb{G}m/\mathbb{F}_1}(s)$ なども絶対保型形式

$$f:\mathbb{R}_{\geqq 0}\longrightarrow\mathbb{C}$$

の絶対保型性

$$f\left(\frac{1}{x}\right)=Cx^{-D}f(x)\quad (C=\pm 1,\ D\in\mathbb{Z})$$

から導くことができる．$\zeta_{\mathbb{G}m/\mathbb{F}_1}(s)$ の場合には対応する絶対保型形式は

$$f_{\mathbb{G}m}(x)=x-1$$

である：

$$\zeta_{\mathbb{G}m/\mathbb{F}_1}(1-s)^{-1}=\zeta_{\mathbb{G}m/\mathbb{F}_1}(s)$$

$$\iff f_{\mathbb{G}m}\left(\frac{1}{x}\right)=-x^{-1}f_{\mathbb{G}m}(x).$$

少し一般の場合を練習問題としておこう．

練習問題 1　$f(x)=\sum_k a(k)x^k\in\mathbb{Z}[x]$ に対して絶対ゼータ関数を

$$\zeta_f(s)=\prod_k (s-k)^{-a(k)}$$

と定める．次は同値であることを証明せよ．

(1)　$f\left(\frac{1}{x}\right)=Cx^{-D}f(x)$.

(2)　$\zeta_f(D-s)^C=(-1)^{f(1)}\zeta_f(s)$.

解答　まず，

$$f\left(\frac{1}{x}\right)=Cx^{-D}f(x)$$

$$\iff \sum_k a(k)x^{-k}=Cx^{-D}\sum_k a(k)x^k$$

$$\iff \sum_k a(D-k)x^{k-D}=\sum_k Ca(k)x^{k-D}$$

$$\iff a(D-k)=Ca(k)\quad(\text{すべての }k)$$

であるから，「条件 (0)　$a(D-k)=Ca(k)$」を設定すると，(1) ⇔ (0) が成立する．次に

$$\zeta_f(D-s)^C=(-1)^{f(1)}\zeta_f(s)$$

$$\iff \prod_k ((D-s)-k)^{-Ca(k)}=(-1)^{f(1)}\prod_k (s-k)^{-a(k)}$$

$$\iff \prod_k ((D-k)-s)^{-Ca(k)}=\prod_k (k-s)^{-a(k)}$$

$$\iff \prod_k ((D-k)-s)^{-Ca(k)}=\prod_k ((D-k)-s)^{-a(D-k)}$$

$$\iff Ca(k)=a(D-k)\quad(\text{すべての }k)$$

となる（ただし，$f(1)=\sum_{k} a(k)$ を用いた）ので，(2) ⇔ (0) が成立する．まとめると (1) ⇔ (0) ⇔ (2) である，**(解答終)**

このように，絶対ゼータ関数の関数等式が絶対保型形式の絶対保型性から来ていることがわかる．絶対数学を訪れると，絶対保型形式が無限遠で消えるという形で深リーマン予想に再会できるという意外性があり，失われたかと見えたオイラー積も黄泉がえる．

合同ゼータと絶対ゼータ

ゼータの中でも合同ゼータは特異な場所にある．合同ゼータそのものに関しては，ほとんどのことが証明済である．それは，20 世紀のグロタンディークとドリーニュの仕事によるが，そのきっかけを与えたのは，コルンブルム（ちょうど 100 年前の 1919 年に論文が出版された）であり，一般的な合同ゼータを 1949 年（今から 70 年前）に導入して基本的な問題を設定したヴェイユである．さらに合同ゼータは絶対ゼータへのトンネルも与えていたのであり，それを最初に通った人がスーレ（2004 年）である．

2.1 合同ゼータ

合同ゼータの起源は 1910 年代のコルンブルム（1890 年 8 月 23 日生れ―1914 年 10 月に第一次世界大戦にてドイツの志願兵として歿）である：

H.Kornblum "Über die Primfunktionen in einer arithmetischen Progression"［等差数列における素多項式について］Math. Zeit.**5** (1919) 100–111.

この論文は 1914 年夏までにゲッチンゲン大学の学位論文として書き上げられた．コルンブルムの死後，指導教官であったランダウ教授が編集して 1919 年に数学専門誌に発表したものである．現在では，『ランダウ全集』に収録されている．

コルンブルムは素数 p に対して p 元体 $\mathbb{F}_p$ 上の多項式環 $\mathbb{F}_p[T]$ のゼータ関数を考えた．それは，通常の整数全体のなす環

$$\mathbb{Z}=\{0,\pm1,\pm2,\cdots\}$$

と

$$\mathbb{F}_p=\{0,1,\cdots,p-1\}\quad(\text{計算は}\bmod p)$$

係数の多項式全体のなす環

$$\mathbb{F}_p[T]=\{a_0+a_1T+\cdots+a_nT^n\,|\,a_0,a_1,\cdots,a_n\in\mathbb{F}_p\}$$

との類似から来ている．

$\mathbb{Z}$	$\mathbb{F}_p[T]$
$\zeta_{\mathbb{Z}}(s)$	$\zeta_{\mathbb{F}_p[T]}(s)$

ここで，可換環 A（$\mathbb{Z}$ 上有限生成とする）のゼータ関数 $\zeta_A(s)$ は

$$\zeta_A(s)=\prod_{\substack{I\subset A\\ \text{極大イデアル}}}(1-N(I)^{-s})^{-1}$$

と定める．このオイラー積表示において，I は A の極大イデアル全体を動き，$N(I)$ は剰余体 A/I の元の個数

$$N(I)=|A/I|$$

を表わす．ちなみに，A が $\mathbb{Z}$ 上（あるいは $\mathbb{F}_p$ 上）有限生成の環のときは自動的に $N(I)<\infty$ となる（「ヒルベルトの零点定理」の改良版から示される）．

たとえば，

$$\zeta_{\mathbb{Z}}(s)=\prod_{p:\text{素数}}(1-N((p))^{-s})^{-1},$$

$$N((p))=|\mathbb{Z}/(p)|=p$$

より

$$\zeta_{\mathbb{Z}}(s)=\prod_{p:\text{素数}}(1-p^{-s})^{-1}$$

である．また，

$$\zeta_{\mathbb{F}_p}(s)=(1-N((0))^{-s})^{-1}=(1-p^{-s})^{-1}$$

であり，

$$\zeta_{\mathbb{Z}}(s)=\prod_{p:\text{素数}}\zeta_{\mathbb{F}_p}(s)$$

となっている．

一方，$\mathbb{F}_p[T]$ の場合は

$$\zeta_{\mathbb{F}_p[T]}(s)=(1-p^{1-s})^{-1}$$

となるというのがコルンブルムの結論である（コルンブルムは指標付の L - 関数も研究している）．その計算は

$$\zeta_{\mathbb{F}_p[T]}(s)=\prod_{n=1}^{\infty}(1-p^{-ns})^{-\kappa(n)},$$

$$\kappa(n)=\frac{1}{n}\sum_{m\mid n}\mu\left(\frac{n}{m}\right)p^m$$

とする．

ここで，極大イデアル $I\subset\mathbb{F}_p[T]$ は素多項式（既約モニック多項式）$h(T)$ によって $I=(h)$ と書けること，さらに，n 次の素多項式の個数が

$$\kappa(n)=\frac{1}{n}\sum_{m\mid n}\mu\left(\frac{n}{m}\right)p^m$$

となることを使っている．

具体的な計算は次のようにする．まず，

$$\begin{aligned}\zeta_{\mathbb{F}_p}(s)&=\prod_{\substack{h\in\mathbb{F}_p[T]\\ \text{素多項式}}}(1-N((h))^{-s})^{-1}\\&=\prod_{h}(1-(p^{\deg(h)})^{-s})^{-1}\\&=\prod_{n=1}^{\infty}(1-p^{-ns})^{-\kappa(n)}\end{aligned}$$

より（$\kappa(n)$ は n 次素多項式の個数）

$$\log \zeta_{\mathbb{F}_p[T]}(s) = -\sum_{n=1}^{\infty} \kappa(n) \log(1-p^{-ns})$$
$$= \sum_{n=1}^{\infty} \kappa(n) \sum_{m=1}^{\infty} \frac{1}{m} p^{-mns}$$
$$= \sum_{n=1}^{\infty} \sum_{m=1}^{\infty} \frac{n\kappa(n)}{mn} p^{-mns}$$

となる．ここで，mn を M とおけば

$$\log \zeta_{\mathbb{F}_p[T]}(s) = \sum_{M=1}^{\infty} \frac{1}{M} \left(\sum_{n \mid M} n\kappa(n) \right) p^{-MS}$$

となるので

(☆)
$$\sum_{n \mid M} n\kappa(n) = p^M$$

を用いると

$$\log \zeta_{\mathbb{F}_p[T]}(s) = \sum_{M=1}^{\infty} \frac{1}{M} p^{-M(s-1)}$$
$$= -\log(1-p^{1-s})$$

より（$\mathrm{Re}(s) > 1$ としておく），結論

$$\zeta_{\mathbb{F}_p[T]}(s) = \frac{1}{1-p^{1-s}}$$

を得る．

ただし，(☆) はガロア理論の基本事項である等式

$$T^{p^M} - T = \prod_{\substack{\deg(h) \mid M \\ \text{素多項式}}} h(T)$$

の両辺の次数を比較することによって

$$p^M = \sum_{\deg(h) \mid M} \deg(h) = \sum_{n \mid M} n\kappa(n)$$

と得ることができる．この等式 (☆) はメビウス変換

$$f(n) = \sum_{m \mid n} g(m) \Longleftrightarrow g(n) = \sum_{m \mid n} \mu\left(\frac{n}{m}\right) f(m)$$

を通して，明示式

$$\kappa(n) = \frac{1}{n} \sum_{m \mid n} \mu\left(\frac{n}{m}\right) p^m$$

と同値であり，こちらも得られたことになる．なお，ガロア理論やゼータ関数論については

黒川信重『ガロア理論と表現論――ゼータ関数論への出発』日本評論社，2014 年

を参照されたい．また，同書の付録「ゼータ学習法」に書かれている通り，コルンブルムの計算の高校生向けの解説には高校生セミナーでの講義

黒川信重「素数の一般化とゼータ関数」『ゼータ研究所だより』日本評論社，2002 年，p. 185-208［『数学セミナー』1993 年 10 月号，11 月号初出］

がわかりやすい．コルンブルムについては，

黒川信重『リーマン予想の探求』技術評論社，2012 年

黒川信重『リーマン予想の今，そして解決への展望』技術評論社，2019 年

も参照されたい．

これまで見てきたのは，ゼータ関数 $\zeta_A(s)$ を求める正攻法であるが，$\mathbb{F}_p[T]$ の場合には単項イデアル整域（PID；したがって UFD）であることを用いて，

$$
\begin{aligned}
\zeta_{\mathbb{F}_p[T]}(s) &= \sum_{\substack{J \subset \mathbb{F}_p[T] \\ \text{非零イデアル}}} N(J)^{-s} \\
&= \sum_{\substack{f(T) \in \mathbb{F}_p[T] \\ \text{モニック}}} (p^{\deg(f)})^{-s} \\
&= \sum_{m=0}^{\infty} p^m (p^m)^{-s} \\
&= \frac{1}{1-p^{1-s}}
\end{aligned}
$$

とすることもできる．ここで

$$\zeta_{\mathbb{F}_p[T]}(s) = \prod_I (1 - N(I)^{-s})^{-1} = \sum_J N(J)^{-s}$$

は

$$\zeta_{\mathbb{Z}}(s) = \prod_{p:\text{素数}} (1 - p^{-s})^{-1} = \sum_{n=1}^{\infty} n^{-s}$$

というオイラー積表示およびその展開の対応物である．ただし，$\mathbb{F}_p[T]$ の m 次のモニック多項式は

$$f(T) = a_0 + a_1 T + \cdots + a_{m-1} T^{m-1} + T^m$$

であるから，$a_0, \cdots, a_{m-1} \in \mathbb{F}_p$ を動かした p^m 個あることを計算の最後に使っている．

なお，後者の方法を最初に用いれば（☆）の別証（ガロア理論を用いない）も得られることは上記の二通りの方法を比較することにより，わかる．

コルンブルムは，論文のタイトルに見られる通り，$\mathbb{F}_p[T]$ のディリクレ L 関数に当たるもの $L_{\mathbb{F}_p[T]}(s, \chi)$ も考えて，ディリクレの素数定理の $\mathbb{F}_p[T]$ 版も証明している：要点は「$\chi \neq \mathbb{1}$ のときに $L_{\mathbb{F}_p[T]}(s, \chi)$ は p^{-s} の多項式であり $\mathrm{Re}(s) = 1$（$s = 1$ だけでも良い）上に零点をもたないこと」の証明である．

このように，ちょうど 100 年前に出版されたコルンブルムの論文からはじまった合同ゼータ関数論であったが，$\mathbb{F}_p[T]$ の有限次拡大環に対するゼータ関数の研究（1920 年代～1940 年代のアルティン，ハッセ，ヴェイユ）を経て，視野を一挙に広くしたのは 1949 年のヴェイユの論文

A.Weil "Numbers of solutions of equations in finite fields" [有限体における方程式の解の個数] Bull.Am.Math.Soc. **55** (1949) 497-508

であった．

その論文でヴェイユは $\mathbb{F}_p$ 上（以下は一般の有限体 $\mathbb{F}_q$ にして

も良いが，わかりやすさのために $\mathbb{F}_p$ としておく）の代数多様体 X の合同ゼータ関数

$$\zeta_{X/\mathbb{F}_p}(s)=\exp\left(\sum_{m=1}^{\infty}\frac{|X(\mathbb{F}_{p^m})|}{m}p^{-ms}\right)$$

を考えたのである．ただし，$|X(\mathbb{F}_{p^m})|$ は X の $\mathbb{F}_{p^m}$ 有理点の個数である．

コルンブルムのゼータ関数は，アフィン直線 $\mathbb{A}^1$ のゼータ関数となる：

$$\zeta_{\mathbb{F}_p[T]}(s)=\zeta_{\mathbb{A}^1/\mathbb{F}_p}(s).$$

実際，

$$|\mathbb{A}^1(\mathbb{F}_{p^m})|=p^m$$

であり

$$\zeta_{\mathbb{A}^1/\mathbb{F}_p}(s)=\exp\left(\sum_{m=1}^{\infty}\frac{p^m}{m}p^{-ms}\right)=\frac{1}{1-p^{1-s}}$$

となる．なお，全く同様にすると

$$\zeta_{\mathbb{F}_p[T_1,\cdots,T_n]}(s)=\zeta_{\mathbb{A}^n/\mathbb{F}_p}(s)=\frac{1}{1-p^{n-s}}$$

がわかる．ここで，$\mathbb{F}_p[T_1,\cdots,T_n]$ は n 変数の多項式環であり，$\mathbb{A}^n$ は n 次元アフィン空間である．

ヴェイユは一般の合同ゼータ関数 $\zeta_{X/\mathbb{F}_p}(s)$ に対する予想 —— それは「ヴェイユ予想」と呼ばれるようになった —— を提出した．その要点を d 次元非特異射影代数多様体 X の場合に述べると次の 2 つとなる：

(1)　$\zeta_{X/\mathbb{F}_p}(s)$ は p^{-s} の有理関数であり

$$\zeta_{X/\mathbb{F}_p}(s)=\prod_{k=0}^{2d}P_k(p^{-s})^{(-1)^{k+1}}$$

の形をしていて

$$P_k(u) \in 1+u\mathbb{Z}[u]$$

は b_k 次の多項式（b_k は「k 次元ベッチ数」）

である．

(2)　$P_k(u)$ は

$$P_k(u)=\prod_{j=1}^{b_k}(1-\alpha_j u)$$

と分解すると

$$|\alpha_j|=p^{\frac{k}{2}} \quad (j=1,\cdots,b_k)$$

をみたしている．

なお，(2) は $\zeta_{X/\mathbb{F}_p}(s)$ の零点と極の話に直すことができる：

(2*)　$\zeta_{X/\mathbb{F}_p}(s)$ の零点は

$$\mathrm{Re}(s)=\frac{1}{2},\frac{3}{2},\cdots,\frac{2d-1}{2}$$

上にあり，極は

$$\mathrm{Re}(s)=0,1,\cdots,d$$

上にある．

たとえば $d=1$（代数曲線）のときには「零点は $\mathrm{Re}(s)=\frac{1}{2}$ 上にある」という古典的なリーマン予想の形そのものとなる．

このヴェイユ予想 (1) (2) は 1950 年代～1970 年代にかけて数論的代数幾何学者の大目標となり，グロタンディーク（1928-2014）を中心に膨大な研究（関連論文の総ページ数は 1 万ページほどになる）がなされ，(1) は 1965 年（SGA5）にグロタンディークにより行列式表示を用いて証明された：

$$P_k(u)=\det(1-p^{-s}\mathrm{Frob}_p \mid H_{et}^k(X \underset{\mathbb{F}_p}{\otimes} \overline{\mathbb{F}}_p)).$$

ここで，Frob_p はフロベニウス作用素（p 乗作用素）であり，H_{et}^k はエタールコホモロジー（SGA4，1964 年）である．リーマ

ン予想にあたる (2) は (1) の成果の延長線上で 1974 年にドリーニュ(1944 年生まれ；グロタンディークの弟子) が証明した：

P.Deligne "La conjecture de Weil I"［ヴェイユ予想 I］IHES Publ. **43** (1974) 273-307.

定理 1.6 が，その結果である.

なお，ドリーニュはこの論文においてラマヌジャン予想も証明している (定理 8.2). ラマヌジャン予想とはラマヌジャン (1887–1920) が 1916 年に提出した予想であり，保型形式

$$\Delta(z) = q\prod_{n=1}^{\infty}(1-q^n)^{24} \quad (q = e^{2\pi iz},\ \mathrm{Im}(z)>0)$$
$$= \sum_{n=1}^{\infty}\tau(n)q^n$$

の係数に対する予想

$$|\tau(p)| \leqq 2p^{\frac{11}{2}} \quad (p \text{ は素数})$$

のことである. ドリーニュの基本的方針は，$\mathbb{F}_p$ 上のある代数多様体 (11 次元の久賀 - 佐藤多様体) に対して

$$1-\tau(p)p^{-s}+p^{11-2s} = P_{11}(p^{-s})$$

となるというものであり，$|\alpha| = p^{\frac{11}{2}}$ によって

$$P_{11}(u) = (1-\alpha u)(1-\overline{\alpha}\,u)$$

と分解できるというヴェイユ予想 ($\alpha, \overline{\alpha}$ はフロベニウス作用素の固有値) から

$$|\tau(p)| = |\alpha+\overline{\alpha}| \leqq |\alpha|+|\overline{\alpha}| = 2p^{\frac{11}{2}}$$

としてラマヌジャン予想を導くのである.

なお，ラマヌジャンはゼータ関数

$$L(s,\Delta) = \prod_{p:\text{素数}}(1-\tau(p)p^{-s}+p^{11-2s})^{-1}$$
$$= \sum_{n=1}^{\infty}\tau(n)n^{-s}$$

を構成して，保型形式のゼータ関数論──その応用によってフェルマー予想は証明された──の先駆者となった．ラマヌジャン予想の一般化と現状についてはウィキペディア「ラマヌジャン予想」(日本語版，英語版) を参照されたい．一般化すると反例もでてくる：

N.Kurokawa "Examples of eigenvalues of Hecke operators on Siegel cusp forms of degree two"［次数2のジーゲル・カスプ形式上のヘッケ作用素の固有値例］Inventiones Math. **49** (1978) 149-165.

私にとっては，上野健爾さんが50年前の『大学への数学』に書かれた「二つの予想」(ラマヌジャン予想とリーマン予想；『数学者的思考トレーニング：代数編』岩波書店，2010所収) を読んだときがゼータの門をくぐったときであった．

2.2　ヴェイユ：5月のゼータ者

ヴェイユは有名な数学者である．1906年5月6日生まれで，1998年8月6日に92歳で亡くなった．私も何度か講義を聞いたことがある．それらはゼータ関数一般についての話であったが，ヴェイユはゼータ関数だけでなく多様な分野の研究を行った．その中でも，合同ゼータ関数の一般的定式化と予想を提出したことは，とりわけ大きい業績である．

数学にとって，新たに問題・予想を提出することは問題を解くことより価値がある．問題解きのコンテストがひんぱんに開催されるのに，問題作成のコンテストが開かれないのは不思議である．その昔，今からちょうど50年前，1969年の『大学への数学』誌では「新作問題コーナー」と呼ばれるものがあって，私は毎月のように投稿していた．採用された掲載号を見てとてもうれしかったことを鮮明に覚えている．

ここで取り上げたいヴェイユの文章は
ヴェイユ「ゼータ函数の育成について」『数学』**7** (1956) 196-199 (谷山豊によるノート)
である．これは1955年9月8日（木）午後の東京大学本郷キャンパスにおける講演であり，ゼータ関数を生物（植物，動物）になぞらえて解説している．

ヴェイユは，1955年の夏の終り（9月8日－9月13日）に東京と日光において開催された整数論国際会議に出席のため来日しており，その折の一般向け講演である．谷山豊が記録したものだけが残されているという貴重なものである．面白さは，ヴェイユの話の内容だけではなく，谷山の文章の魅力によるところも大きい．はじめは日本数学会の雑誌『数学』の1956年度版に掲載され，現在では『谷山豊全集』(日本評論社) に収録されている．

その文章は，次のようにはじまる．「今日のような蒸暑い日には，堅苦しい話より，‘動物’や‘植物’を‘育成’でもするような話の方がよいであろう．ζ－函数についていえば，本質的な点は第一にζがギリシャ語のアルファベットの一つであることで，第二にその変数が普通sと書かれることである：$\zeta(s)$．その歴史はRiemannにまでさかのぼる．しかし彼はこの動物の出生に対し責任あるわけではない．Eulerが最初にこの動物を考えたのである．」

このあと，合同ゼータ関数

$$Z_p(s)=\exp\left(\sum_{m=1}^{\infty}\frac{|X(\mathbb{F}_{p^m})|}{m}p^{-ms}\right)$$

とハッセゼータ関数

$$Z(s)=\prod_{p:\text{素数}}Z_p(s)$$

を解説して行き，結末は次の通り：「しかしすでに，その次の最も簡単な場合，つまり虚数乗法を持たない楕円曲線で，Eichler のようにしてモジュラー函数に結びつけることのできないものに対してさえ，この函数 $Z(s)$ の性質は完全に神秘的である．その函数等式を証明することは，これまでの場合に比べて非常に深い問題であるようにみえる．この問題は非常に難しくまた非常に重要である．私は，この函数が，これまで知られている何物にも似ていないという印象をもっている．だから私はこれを，bigger and better zeta function と呼ぶのである．」

ヴェイユの 1955 年の講演から 40 年が経った 1995 年に，Ann. of Math. に掲載された論文が，ちょうどヴェイユが最後のところで述べている“bigger and better zeta function”を解明して，その結果としてフェルマー予想を証明したワイルズとテイラーの画期的な論文であった．つまり，$\mathbb{Q}$ 上の楕円曲線のゼータ関数の解析接続と関数等式を与えるというものである．ヴェイユは「これまで知られている何物にも似ていないという印象をもっている」と述べたのであるが，結果的にはアイヒラー (Eichler) の 1954 年の論文と同様に通常のモジュラー形式 (保型形式) で済んでしまう．ちなみに，ヴェイユの講演のノートをとった谷山豊は「谷山予想」を提出したことでも有名であるが，それは 1955 年の整数論国際会議の折に **問題 12** として公表していた：

「**問題 12**　C を代数体 k 上で定義された楕円曲線とし k 上 C の L-函数を $L_C(s)$ とかく：

$$\zeta_C(s)=\zeta_k(s)\zeta_k(s-1)/L_C(s)$$

は k 上 C の zeta 函数である．もし Hasse の予想が $\zeta_C(s)$ に対し正しいとすれば，$L_C(s)$ より Mellin 逆変換で得られる Fourier 級数は特別な形の -2 次元の automorphic form でなければならない (cf. Hecke)．もしそうであればこの形式はその automorphic function の体の楕円微分となることは非常に確からしい．

さて，C に対する Hasse の予想の証明は上のような考察を逆にたどって，$L_C(s)$ が得られるような適当な automorphic form を見出すことによって可能であろうか．」

1955 年の時点で谷山豊が未来を見透していたことがわかる．

2.3　絶対ゼータ

絶対ゼータは，合同ゼータの極限

$$\zeta_{X/\mathbb{F}_1}(s) = \lim_{p \to 1} \zeta_{X/\mathbb{F}_p}(s)$$

としてスーレ（1951 年フランス生れ）により導入された：

C.Soulé “Les variétés sur le corps à un élément”［一元体上の多様体］Moscow Math. J. **4**（2004）217 – 244.

合同ゼータはいろいろな方向への分岐をもっていると考えるとわかりやすい．そこから絶対化（$\mathbb{F}_p \longrightarrow \mathbb{F}_1$）によって絶対ゼータが得られる．ただし，その通路は「タイムトンネル」のようなものであり，完全に理解されているとは言い難い．ゼータ関数のレベルでは極限操作が可能であるが，それが $\mathbb{F}_p \longrightarrow \mathbb{F}_1$ という“操作”と如何に結び付いているかは解明されるべきテーマである．

簡単に言えば，合同ゼータ関数は人類にとって，ちょうど良い難しさのゼータであったと言えるであろう．リーマンゼータ $\zeta_{\mathbb{Z}}(s)$ のリーマン予想のように人類が 160 年間（1859 – 2019）手も足も出ない問題ではあきらめられてしまう．であるから「自分はリーマン予想を絶対解くのだ」などと追い込んでは絶対いけないのである．その点，合同ゼータのリーマン予想類似は──グロタンディークの超人的な研究が根源的な推進力となっていたことは確実であるものの——人類の取り扱える難しさ内にあったのである．その結果，合同ゼータの絶対極限として得られる絶対ゼータも良くわかるということになる．

ただし，絶対ゼータには合同ゼータからの極限として得られるものだけではなく広範な領域がある．今は，そのことだけを述べて，参考書をあげておこう：

(1) 黒川信重『絶対ゼータ関数論』岩波書店，2016 年

(2) 黒川信重『オイラーのゼータ関数論』現代数学社，2018 年

(3) 黒川信重『オイラーとリーマンのゼータ関数』日本評論社，2018 年．

2.4　固有値から見た 20 世紀数学

本章の話を，20 世紀数学と固有値という観点から補足して簡単にまとめておこう．とりわけ顕著になってくるのは 20 世紀を通して研究されていたリーマン予想を見るときであり，同時に，リーマン予想は単独のゼータ $\zeta_{\mathbb{Z}}(s)$ に対するものと考えるのは間違いであり，普遍的なものであることも判明してきた．年代順に挙げると次の通りである．

(1) 1914 年：ヒルベルトとポリヤが $\zeta_{\mathbb{Z}}(s)$ の零点に対する固有値解釈によってリーマン予想を証明するというアイディアを提出した．

(2) 1940 年代：代数曲線の合同ゼータのリーマン予想を固有値解釈によって証明した（ヴェイユ）．

(3) 1950 年代：リーマン面のセルバーグゼータのリーマン予想

を固有値解釈によって証明した（セルバーグ）.

(4) 1960年代：代数多様体の合同ゼータに対する固有値解釈を与えた（グロタンディーク）.

(5) 1970年代：固有値解釈によって合同ゼータのリーマン予想を証明した（ドリーニュ）.

(6) 1970年代：ラマヌジャン予想を固有値解釈により証明した（ドリーニュ）.

このように見ると，リーマン予想は20世紀数学を固有値解釈を希求する方向へと発展させたところに大きな意味がある．ζに対する固有値解釈とは，ある線形空間Vへの作用素（行列）Rの固有値としてζの零点・極を捉えることであり，ζに行列式表示を与えることと同じことである．合同ζの場合のVはエタールコホモロジー（1964年SGA4にてグロタンディークが構成）であり，Rはフロベニウス作用素（p乗作用素）の対数である．さらに，セルバーグζの場合のVはリーマン面上のL^2－空間であり，Rはラプラス作用素の平方根（ディラック作用素）である．リーマン予想についての完全な成功は，今までに合同ζとセルバーグζの場合しか得られていない．どちらも20世紀数学の金字塔（ピラミッド）である．

どの場合も大切な作用素の固有値としてζの零点・極が得られるのである．それを人類に気付かせたのはリーマン予想なのであった．

セルバーグゼータ

セルバーグゼータを見ていると，セルバーグが発表せずに去ってしまったら，地球にそのゼータが舞い降りなかったのではないかという感想をもつ．極めてセルバーグという数学者の個性に依存している気がする．リーマン面のゼータ関数であるから，リーマンの夢をひきついでいる．しかも，リーマン予想の類似物まで証明される．セルバーグゼータの公式発表は1956年の論文であるが，1954年夏にはリーマンゆかりのゲッティンゲンにて詳しい講義をしているので，そちらをデビューと考えると2019年はセルバーグゼータ生誕65年となる．

3.1 セルバーグゼータ

セルバーグゼータはセルバーグ（1917年6月14日－2007年8月6日）が独力で発見したゼータ関数である．

論文発表は

> A.Selberg “Harmonic analysis and discontinuous groups in weakly symmetric Riemannian spaces with applications to Dirichlet series” ［弱対称リーマン空間における調和解析と不連続群およびディリクレ級数への応用］ J.Indian Math.Soc.**20** (1956) 47－87

である．ここには，一般論と応用が述べられているが，証明などは書かれていない．

セルバーグは，1954年の夏にドイツのゲッティンゲン大学にてセルバーグゼータ関数論の講義を行って，セルバーグゼータという新世界の発見を公表した．この講義はゲッティンゲン大学教授のジーゲル（1932年にリーマンの遺稿を調査し「リーマン・ジーゲル公式」などの重要な発見を行っていた）の招待で実現したものである．その講義録が誰でも読めるようになったのは，1989年に『セルバーグ全集』に「1954年ゲッティンゲン講義」として収載されてからである．それも事情があって，後半部分のみである．事情とは，前半部分の講義録はセルバーグの講義を記録していた現地の担当者がまとめることになっていたのであるが，講義からしばらくたってプリンストン高等研究所のセルバーグのところに送られてきた原稿を読んで期待された出来ではなく採用しないとセルバーグが決めたからである．現在出版されている後半部分はセルバーグが書き下ろしたものである．

セルバーグゼータ関数を簡単に紹介しよう．もともとは，リーマンゼータ関数$\zeta_{\mathbb{Z}}(s)$のオイラー積表示

$$\zeta_{\mathbb{Z}}(s)=\prod_{p:\text{素数}}(1-p^{-s})^{-1}$$

との類似物をリーマン面Mに対して考えるという点が起源である（技術的な面からすると「セルバーグ跡公式（Selberg trace formula）」の成功が大きいが）．

いま，種数（genus）gが2以上のコンパクトリーマン面Mをとる．すると，セルバーグゼータ関数は

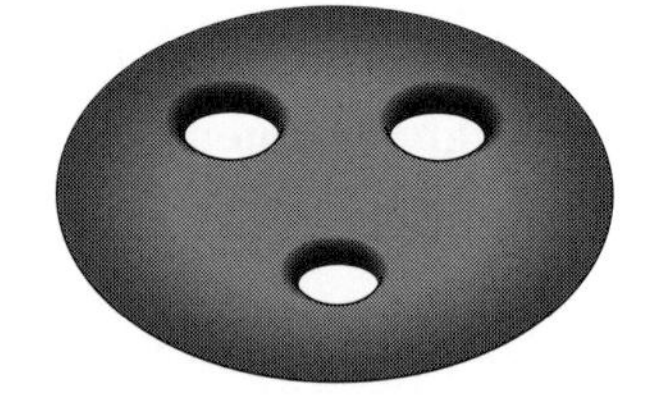

$$\zeta_{M}(s)=\prod_{P\in\mathrm{Prim}(M)}(1-N(P)^{-s})^{-1}$$

というオイラー積表示によって構成すれば良い，というのがセ

ルバーグの結論である．ここで，

$$\mathrm{Prim}(M)=\{P \mid P\text{ は }M\text{ の素な閉測地線}\}$$

であり，P の長さを $\ell(P)$ と書いたときノルム $N(P)$ は

$$N(P)=e^{\ell(P)}$$

と定義する．図は種数 = 穴数 3 のリーマン面である．

一方，M は上半空間

$$H=\{z\in\mathbb{C} \mid \mathrm{Im}(z)>0\}$$

の商空間

$$M=\Gamma\backslash H$$

として表示することができて，

$$\Gamma=\pi_1(M)\subset \mathrm{SL}(2,\mathbb{R})$$

は M の基本群，H は M の普遍被覆空間 $\tilde{M}$ となっている．この見方を行うと

$$\zeta_M(s)=\prod_{P\in\mathrm{Prim}(\Gamma)}(1-N(P)^{-s})^{-1}$$

と書くことができる．ここで，

$$\mathrm{Prim}(\Gamma)=\{[\gamma] \mid \Gamma\text{ の素な（双曲）共役類}\}$$

であり

$$N([\gamma])=[\gamma\text{ の固有値の 2 乗の大きい方}]>1$$

である．

幾何的には（素）測地線を用いた構成がわかりやすいし，代数的には基本群の（素）共役類を使って書いた方が考えやすいであろう．これら 2 つの見方が同一のゼータ関数を与える理由は，閉測地線とホモトピー類の対応関係から

$$\begin{array}{ccc}\mathrm{Prim}(M) & \overset{1:1}{\longleftrightarrow} & \mathrm{Prim}(\Gamma)\\ \Uparrow & & \Uparrow\\ P & \longleftrightarrow & [P]=[\gamma]\end{array}$$

という全単射が存在していて，しかもノルムを保つからである：

$$N(P)=N([\gamma]).$$

さて，セルバーグゼータ関数$\zeta_M(s)$の性質を詳しく述べるためにはオイラー積を

$$Z_M(s)=\prod_{P\in \mathrm{Prim}(M)}\prod_{n=0}^{\infty}(1-N(P)^{-s-n})$$
$$=\prod_{n=0}^{\infty}\zeta_M(s+n)^{-1}$$

の形にしておくと良い．$\zeta_M(s)$は

$$\zeta_M(s)=\frac{Z_M(s+1)}{Z_M(s)}$$

なので，$Z_M(s)$がわかればよくわかるということになる．

セルバーグの得た結果は次の通りである．

定理 1（セルバーグ）

種数$g\geqq 2$のコンパクトリーマン面Mに対して次が成立する．

(1) $Z_M(s)$のオイラー積は$\mathrm{Re}(s)>1$において絶対収束する．

(2) $Z_M(s)$はすべての複素数$s\in\mathbb{C}$に正則関数として解析接続される．

(3) $Z_M(s)$は関数等式

$$Z_M(1-s)=Z_M(s)\exp\left(4(1-g)\int_0^{s-\frac{1}{2}}\pi t\cdot\tan(\pi t)dt\right)$$

をもつ．

(4) $Z_M(s)$はリーマン予想をみたす：

$Z_M(s)$の虚の零点はすべて$\mathrm{Re}(s)=\dfrac{1}{2}$上にある．

何点か補足しておこう．まず，(3) の関数等式は，$\zeta_{\mathbb{Z}}(s)$の場

合のオイラーの関数等式 (1739 年)

$$\zeta_{\mathbb{Z}}(1-s)=\zeta_{\mathbb{Z}}(s)2(2\pi)^{-s}\Gamma(s)\cos\left(\frac{\pi s}{2}\right)$$

に当たるものであり，リーマン (1859 年) による完全対称な関数等式

$$\hat{\zeta}_{\mathbb{Z}}(1-s)=\hat{\zeta}_{\mathbb{Z}}(s), \quad \hat{\zeta}_{\mathbb{Z}}(s)=\zeta_{\mathbb{Z}}(s)\pi^{-\frac{s}{2}}\Gamma\left(\frac{s}{2}\right)$$

に対応するものは，ガンマ因子を補充した完備セルバーグゼータ関数を

$$\hat{Z}_M(s)=Z_M(s)(\Gamma_2(s)\Gamma_2(s+1))^{2g-2}$$

としたときの

$$\hat{Z}_M(1-s)=\hat{Z}_M(s)$$

となることがセルバーグの研究から四半世紀後の 1980 年頃になってわかった．ただし，$\Gamma_2(s)$ は 2 重ガンマ関数 (バーンズが創始) である．これは，セルバーグの関数等式において計算されていなかったところを

$$\exp\left(4(1-g)\int_0^{s-\frac{1}{2}}\pi t\cdot\tan(\pi t)dt\right)=\frac{(\Gamma_2(s)\Gamma_2(s+1))^{2g-2}}{(\Gamma_2(1-s)\Gamma_2(2-s))^{2g-2}}$$

と表示したことに他ならない．その計算は

黒川信重『現代三角関数論』岩波書店，2013 年

の第 7 章「セルバーグゼータ関数」を読まれたいが，練習問題としてまとめておこう．

練習問題１　次を示せ．

(1)　$$\exp\left(4(1-g)\int_0^{s-\frac{1}{2}}\pi t\cdot\tan(\pi t)dt\right)=(S_2(s)S_2(s+1))^{2-2g}.$$

ここで，

$$S_2(s)=S_2(s,(1,1))$$

は正規化された２重三角関数である．

(2)　$$\exp\left(4(1-g)\int_0^{s-\frac{1}{2}}\pi t\cdot\tan(\pi t)dt\right)$$

$$=\frac{(\Gamma_2(s)\Gamma_2(s+1))^{2g-2}}{(\Gamma_2(1-s)\Gamma_2(2-s))^{2g-2}}.$$

解答

(1) 両辺とも $s=\dfrac{1}{2}$ において１となるので（右辺においては等式

$$S_2\left(\frac{1}{2}\right)=S_2\left(\frac{3}{2}\right)^{-1}$$

を用いる)，両辺の対数微分が一致することを示せばよい．そこで，対数微分を計算すると，

$$[\text{左辺の対数微分}]=4(1-g)\pi\left(s-\frac{1}{2}\right)\tan\left(\pi\left(s-\frac{1}{2}\right)\right)$$
$$=(2-2g)\pi(1-2s)\cot(\pi s)$$

であり，

$$[\text{右辺の対数微分}]=(2-2g)\left(\frac{S_2'(s)}{S_2(s)}+\frac{S_2'(s+1)}{S_2(s+1)}\right)$$
$$=(2-2g)(\pi(1-s)\cot(\pi s)+\pi(-s)\cot(\pi(s+1)))$$
$$=(2-2g)\pi(1-2s)\cot(\pi s)$$

となって，両辺の対数微分が一致することがわかる．ただし，$S_2(s)$ に対する微分方程式

$$\frac{S_2'(s)}{S_2(s)}=\pi(1-s)\cot(\pi s)$$

を用いている（『現代三角関数論』定理５.９.１)．

(2) 2 重三角関数 $S_2(s)$ は 2 重ガンマ関数 $\Gamma_2(s)$ によって

$$S_2(s)=\frac{\Gamma_2(2-s)}{\Gamma_2(s)}$$

と表示されるので, (1) の右辺にこの表示を用いて

$$\begin{aligned}\exp\left(4(1-g)\int_0^{s-\frac{1}{2}}\pi t\cdot\tan(\pi t)dt\right)&=\left(\frac{\Gamma_2(2-s)}{\Gamma_2(s)}\cdot\frac{\Gamma_2(1-s)}{\Gamma_2(s+1)}\right)^{2-2g}\\&=\frac{(\Gamma_2(s)\Gamma_2(s+1))^{2g-2}}{(\Gamma_2(1-s)\Gamma_2(2-s))^{2g-2}}\end{aligned}$$

とわかる.　**(解答終)**

次に補足しておかねばならない点は, セルバーグ理論の核心なのであるが, それは $Z_M(s)$ の解析接続がそれまでに知られていたゼータ関数とは全く異なり, すべての事が「セルバーグ跡公式」から導き出されるという点である. 話は, 完備化されたセルバーグゼータ関数 $\hat{Z}_M(s)$ に対して書いた方が明確になる——セルバーグの研究においても実質は同じことであるけれども完全対称版にすると本質が何かがわかりやすくなる——ので, そちらの形で書いていこう.

定理 2 (行列式表示)

行列式表示

$$\begin{aligned}\hat{Z}_M(s)&=\det(\Delta_M-s(1-s))\\&=\det\left(\left(\Delta_M-\frac{1}{4}\right)+\left(s-\frac{1}{2}\right)^2\right)\\&=\det\left(\left(s-\frac{1}{2}\right)-\sqrt{\frac{1}{4}-\Delta_M}\right)\end{aligned}$$

が成立する. ここで, Δ_M は M のラプラス作用素 (ラプラス・ベルトラミ作用素) である.

ラプラス作用素は H の座標

$$H=\{z=x+iy \mid x, y\in\mathbb{R},\ y>0\}$$

を用いて書くと

$$\Delta_M=-y^2\left(\frac{\partial^2}{\partial x^2}+\frac{\partial^2}{\partial y^2}\right)$$

となる．行列式表示を考えているときには Δ_M の作用する線形空間は関数空間 $L^2(M)$ であり，Δ_M の固有値

$$\lambda_0=0<\lambda_1\leqq\lambda_2\leqq\cdots\uparrow\infty$$

を用いた形で表示すると

$$\hat{Z}_M(s)=\prod_{k=0}^{\infty}(\lambda_k-s(1-s))$$

ということになる．ただし，$\prod$ は正規化積（ゼータ正規化積）である．

この行列式表示によって，$\hat{Z}_M(s)$ および $Z_M(s)$ の $s\in\mathbb{C}$ 全体への解析接続が与えられ，関数等式も成立することが示されることになる．さらには，リーマン予想の対応物までわかる．まず，関数等式

$$\hat{Z}_M(1-s)=\hat{Z}_M(s)$$

は $s(1-s)$ が $s\longleftrightarrow 1-s$ という変換によって不変であること——つまり，

$$s(1-s)=(1-s)(1-(1-s))$$

が成立すること——からこの上なく明快にわかる．次に，リーマン予想は $\lambda_k\uparrow\infty$ であることから従う：

$$\hat{Z}_M(s)=0 \iff s(1-s)=\lambda_k \ \text{（ある } k\text{）}$$

$$\iff s=\frac{1\pm\sqrt{1-4\lambda_k}}{2} \ \text{（ある } k\text{）}$$

であるから，$\lambda_k \geqq \frac{1}{4}$（高々有限個の k を除いてはみたされる）に対しては，零点

$$s = \frac{1 \pm i\sqrt{4\lambda_k - 1}}{2}$$

は $\mathrm{Re}(s) = \frac{1}{2}$ に乗ることがわかる．なお，$0 < \lambda_k < \frac{1}{4}$ なら，対応する零点 s は実数で $0 < s < 1$ となる．このようにして，虚の零点は $\mathrm{Re}(s) = \frac{1}{2}$ 上に乗ることが判明する．この零点の状況を $\zeta_M(s)$ に対して言い換えておくと

$$\begin{cases} \zeta_M(s) \text{の虚の零点は} \mathrm{Re}(s) = -\frac{1}{2} \text{上に乗り}, \\ \zeta_M(s) \text{の虚の極は} \mathrm{Re}(s) = \frac{1}{2} \text{上に乗る} \end{cases}$$

ということになる．

この分析からわかる通り，リーマン予想への例外は $0 < \lambda_k < \frac{1}{4}$ となる固有値 λ_k から来るのであり，第1固有値 λ_1 に対する

セルバーグ条件　$\lambda_1 \geqq \frac{1}{4}$

がみたされることが例外なしにリーマン予想が成立する条件となる．セルバーグ条件が不成立の M が存在することは知られているが，数論的に興味深い M に対しては成立が期待されている．

セルバーグ跡公式については，ここでは，簡略に述べるに留めざるを得ないが，それは

$$\sum_{P \in \mathrm{Prim}(M)} \sum_{m=1}^{\infty} \frac{1}{m} f(P^m) = \sum_{\lambda \in \mathrm{Spect}(\Delta_M)} \hat{f}(\lambda)$$

の形をしている．ここで，$f(P)$ は適当な関数（テスト関数）であり，$\hat{f}(\lambda)$ はフーリエ変換，$\mathrm{Spect}(\Delta_M)$ は Δ_M の固有値全体（スペクトル）を表している．すると，セルバーグゼータ関数の行列式表示への道をざっと見ておくと，

$$\log Z_M(s) = -\sum_{P \in \mathrm{Prim}(M)} \sum_{n=0}^{\infty} \sum_{m=1}^{\infty} \frac{1}{m} N(P)^{-ms-mn}$$

$$= -\sum_{P} \sum_{m=1}^{\infty} \frac{1}{m} \cdot \frac{N(P)^{-ms}}{1-N(P)^{-m}}$$

と変形した上でテスト関数

$$f(P^m) = -\frac{N(P)^{-ms}}{1-N(P)^{-m}}$$

にセルバーグ跡公式を適用して

$$\log Z_M(s) = \sum_{\lambda \in \mathrm{Spect}(\Delta_M)} \hat{f}(\lambda)$$

となるので

$$Z_M(s) = \prod_{\lambda \in \mathrm{Spect}(\Delta_M)} \exp(\hat{f}(\lambda))$$

より行列式表示

$$\hat{Z}_M(s) = \prod_{\lambda \in \mathrm{Spect}(\Delta_M)} (s(1-s)-\lambda)$$

に到着することになる．

このように見てきてわかったように，セルバーグゼータ関数においては

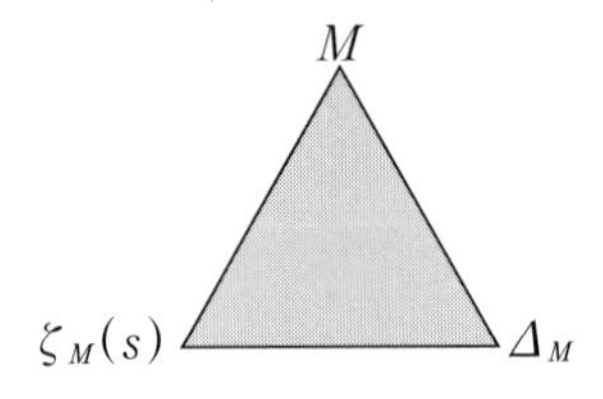

という三角形がとても有効に使われている．これは

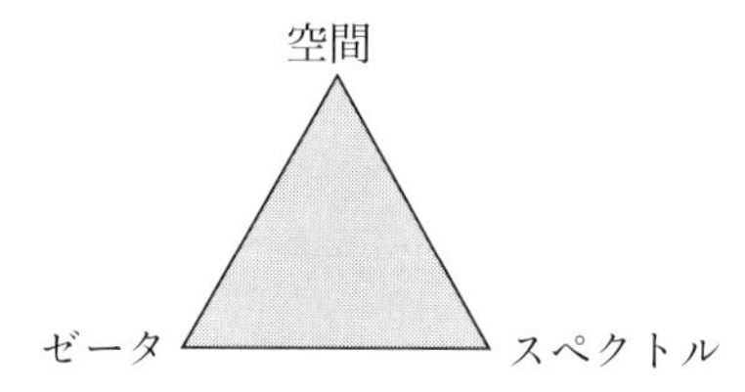

と見ることができて

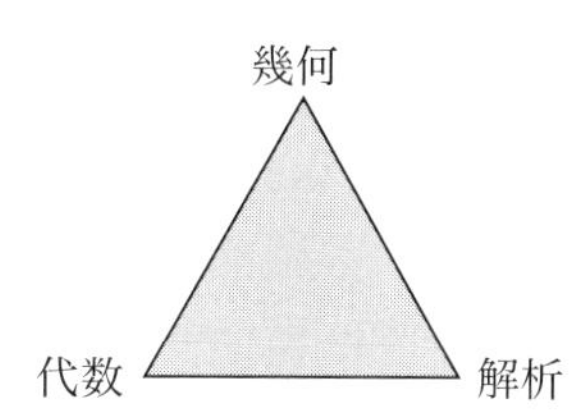

という捉え方もできる．このように広い領域の事柄を統合してセルバーグゼータ関数は成立している．したがって，学習しにくい分野であったが，その状況を改善するという優れた本が最近日本語で出版された：

小山信也『セルバーグ・ゼータ関数：リーマン予想への架け橋』(シリーズ《ゼータの現在》) 日本評論社，2018 年．

この本はできる限り自己完結的に書かれており，普通なら多くの文献を参照する必要があるところが回避できるので，セルバーグ理論への良い入門を与えている．

なお，セルバーグゼータ関数は局所対称空間

$$M = \Gamma\backslash G/K$$

の場合（一般には，G は半単純リー群，K は G の極大コンパクト部分群，Γ は G の離散部分群；ここで扱った場合は $G = SL(2,\mathbb{R})$，$K = \mathrm{SO}(2)$ で $M = \Gamma\backslash G/K = \Gamma\backslash H$ となる）へも拡張して研究されている．また，完備セルバーグゼータ関数に必要なガンマ因子は多重ガンマ関数によって明示的に書くことができて，しかも絶対保型形式に対応する絶対ゼータ関数に

なっているという驚くべき事実も判明する．その証明については

黒川信重『リーマンの夢』現代数学社，2017年，§6.3「セルバーグゼータ関数のガンマ因子」

を読まれたい．

セルバーグゼータ関数論は日々進歩している．セルバーグゼータ関数研究の最前線の様子を知りたい読者には権さん（九州大学）の論文を読むことをすすめる：

Y.Gon "Differences of the Selberg trace formla and Selberg type zeta functions for Hilbert modular surfaces"［ヒルベルト・モジュラー曲面におけるセルバーグ型ゼータ関数とセルバーグ跡公式の差分］J.Number Theory **147** (2015) 396-453.

この論文はセルバーグが解決できなかった60年来の難問を見事に解決したものである．

3.2　セルバーグ：6月のゼータ者

セルバーグは1917年6月14日にノルウェーに生まれた．セルバーグの家は数学者の一族であり，17歳になった頃には『ラマヌジャン全集』を肌身離さず持ち歩くようになっていたとの回顧録を残している．

セルバーグについては，セルバーグゼータ関数を発見したこと（1950年代前半）が数学史上で特筆されるべきことである．関連して，1960年代には離散部分群の研究や一般アイゼンシュタイン級数の研究も有名である．それに先立つ1940年代前半にはリーマンゼータ関数$\zeta_{\mathbb{Z}}(s)$の零点の研究で最先端を走り続けて

いた．とくに，虚零点のうち少なくとも正のパーセントはリーマン予想をみたすこと ── $\mathrm{Re}(s)=\frac{1}{2}$ 上にあること ── を証明したことは偉大な業績である．このことと，セルバーグゼータ関数に対するリーマン予想の証明とを合わせれば，セルバーグこそがリーマン予想に最接近した数学者であると言える．

なお，セルバーグは「素数定理の初等的証明」によってフィールズ賞を受賞しているが，そのことは，セルバーグゼータ関数論を見たあとではセルバーグの中心業績として紹介するには，いささかふさわしくないと言わざるを得ない．

私の個人的想い出を記しておきたい．私は 1988 年 5 月にプリンストンのセルバーグ先生の研究室に招待されたことがある．それは，プリンストンを訪問した折にお茶の時間となり，そこにいらっしゃったセルバーグ先生にセルバーグゼータ関数のガンマ因子のことを話しかける機会があったからである．セルバーグ先生が興味をひかれて，研究室に案内され続きの話などをするという幸運にめぐまれた．そのときは，翌年に出版されることになる『セルバーグ全集』へのコメントを準備されているところであった．とくに「ゲッティンゲン講義録（1954 年）」の貴重なコメントを自分でコピーしてくださり，感激したことを覚えている．オイラーとリーマンから来たゼータ関数の流れがセルバーグ先生のところで一層大きなものになったことが身近に思えた日であった．

3.3　絶対セルバーグゼータ

絶対セルバーグゼータ関数とはどんなものを考えたら良いであろうか？ この問題については

黒川信重『絶対ゼータ関数論』岩波書店，2016 年の第8章「絶対セルバーグ・ゼータ関数」において考察した．それを，ここでは具体的な場合に限定して再考してみよう．

なお，通常のリーマン多様体（連続多様体）のセルバーグゼータ関数に対比する形でグラフ（離散多様体）のゼータ関数があり，それを絶対ゼータ関数と関連付けようという見方もできなくはないが，ここでは採らない．実際，グラフのゼータ関数とは

黒川信重『リーマンの夢』現代数学社，2017年

の§10.4「グラフのゼータ関数」に明確に解説してある通り，「（閉）軌道」に関する「オイラー積」という古典ゼータの枠内のものであり，絶対ゼータの基本とすべきところからは離れている．

さて，絶対セルバーグゼータに戻ろう．その基本的構成は次の通りである．$F\subset\mathbb{C}$ を有限集合とし，絶対セルバーグゼータ $\zeta_F(s)$ を

$$\zeta_F(s)=\prod_{\alpha\in F}(s-\alpha)^{-1}$$

と定める．これは，$F=\{\alpha_1,\cdots,\alpha_n\}$ としたとき，行列

$$M(F)=\begin{pmatrix}\alpha_1 & & O\\ & \ddots & \\ O & & \alpha_n\end{pmatrix}$$

によって行列式表示

$$\zeta_F(s)=\det(s-M(F))^{-1}$$

しても同じことである．

この構成を特別な場合として含む一般論を理解するには，『絶対ゼータ関数論』の第2章「表現の絶対ゼータ関数」および第8章「絶対セルバーグ・ゼータ関数」を熟読されたい．ちなみに，その第2章の記号 $\zeta_\rho^G(s)$ を用いれば

$$\zeta_F(s)=\zeta_\rho^G(s)$$

と書くことができる．ここで，

$$\begin{array}{ccc} \mathbb{R}_{>0} & \longrightarrow & G=\mathbb{C}^{\times} \\ \Cup & & \Cup \\ x & \longmapsto & x \end{array}$$

であり，$\rho:G\longrightarrow \mathrm{GL}(n,\mathbb{C})$ は

$$\rho(z)=\begin{pmatrix} |z|^{\alpha_1} & & O \\ & \ddots & \\ O & & |z|^{\alpha_n} \end{pmatrix}$$

である，すると，行列

$$M(F)=\lim_{x\to 1}\frac{\rho(x)-\rho(1)}{x-1}=\begin{pmatrix} \alpha_1 & & O \\ & \ddots & \\ O & & \alpha_n \end{pmatrix}$$

が出てきて

$$\zeta_F(s)=\det(s-M(F))^{-1}$$

となるのである．

セルバーグゼータのときに描いた三角形になぞらえると

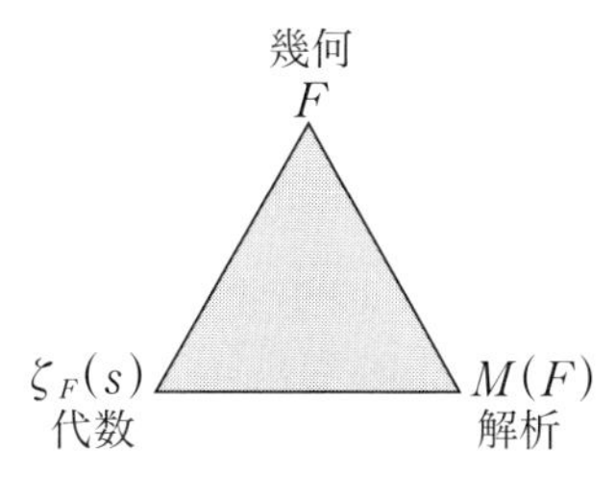

となる．

絶対保型形式

$$f_F(x)=\sum_{\alpha\in F}x^{\alpha}$$

を導入して，簡単な練習問題と例をあげておこう．

練習問題 2　有限集合 $F \subset \mathbb{C}$ に対して，次は同値であることを示せ．

(1)［原点対称］$-F=F$.

(2)［関数等式］$\zeta_F(-s)=(-1)^{|F|}\zeta_F(s)$.

(3)［絶対保型性］$f_F\left(\frac{1}{x}\right)=f_F(x)$.

ヒント　有限集合 $F,\ F' \subset \mathbb{C}$ に対して，次の同値性を示せ：

(1) $F=F'$.

(2) $\zeta_F(s)=\zeta_{F'}(s)$.

(3) $f_F(x)=f_{F'}(x)$.

例 1　偶数 $n \geqq 2$ に対して

$$F=\boldsymbol{\mu}_n=\{\alpha \in \mathbb{C} \mid \alpha^n=1\}$$

とおくと，(1) (2) (3) をみたし，

$$\zeta_{\boldsymbol{\mu}_n}(s)=\frac{1}{s^n-1}$$

である．

例 2　奇数 $n \geqq 3$ に対して

$$F=\mathbb{F}_n=\{\alpha \in \mathbb{C} \mid \alpha^n=\alpha\}$$

とおくと，(1) (2) (3) をみたし，

$$\zeta_{\mathbb{F}_n}(s)=\frac{1}{s^n-s}$$

である．

絶対ゼータ関数の広大な領域が開拓を待っている．

リーマン予想

ゼータの話では，リーマン予想は，はずすことはできない．リーマン予想とは，160 年前の 1859 年に提出された古い予想である．日本で言えば江戸時代の終りであり，もうすぐ明治時代の明りが見えてくる頃のことである．

リーマンには申し訳ないことではあるが，リーマン予想は 160 年経っても未解決のままである．ただし，リーマン予想は数学研究者に夢を与え（もっとも，「一生を台無しにされた」という話も耳にしないでもない），リーマン予想を解こうとするたくさんの努力によって，ゼータの世界が豊富になってきたことだけは確かである．その結果，合同ゼータやセルバーグゼータというリーマン予想の成立する大きなゼータ族も 20 世紀に発見されている．これは，リーマン予想の功績と言えよう．

4.1 リーマン予想

リーマン（1826 – 1866）がリーマン予想を表明した 1859 年から 160 年になる．もともとのリーマン予想は，リーマンゼータ

$$\zeta_{\mathbb{Z}}(s) = \sum_{n=1}^{\infty} n^{-s} \quad (\text{はじめは } \mathrm{Re}(s) > 1)$$

をすべての $s \in \mathbb{C}$ に解析接続（複素関数論の意味）したもの ―― それも $\zeta_{\mathbb{Z}}(s)$ と書く ―― の零点（値が 0 になるところ）に関する予想

> $\zeta_{\mathbb{Z}}(s)=0$ なら，$s=-2,-4,-6,\cdots$ を除いて
>
> $$\mathrm{Re}(s)=\frac{1}{2} \text{ をみたす}$$

である．現在も未解決であり，数学最大の難問と言われている(今では，いろいろなゼータに対してリーマン予想が期待されている)．

ここで，例外となってでてくる $s=-2,-4,-6,\cdots$ という零点は第1章で述べた通り，1739年にオイラー(32歳)が発見したものである：詳しくは

黒川信重『オイラーのゼータ関数論』現代数学社，2018年

を読まれたい．

さて，$\zeta_{\mathbb{Z}}(s)$ の定義は

(Ⅰ) $\displaystyle \zeta_{\mathbb{Z}}(s)=\sum_{n=1}^{\infty} n^{-s}$,

(Ⅱ) $\displaystyle \zeta_{\mathbb{Z}}(s)=\prod_{p:\text{素数}} (1-p^{-s})^{-1}$,

(Ⅲ) $\displaystyle \zeta_{\mathbb{Z}}(s)=\exp\left(\sum_{q:\text{素数べき}} \frac{1}{m(q)}\, q^{-s}\right)$

と進化・発展してきたことを注意しておこう．ここで，素数べきとは $q=p^m$ (p は素数，$m \geqq 1$) であり，$m(q)=m$ とおくのである．

オイラーは，

$$1+\frac{1}{2^2}+\frac{1}{3^2}+\frac{1}{4^2}+\frac{1}{5^2}+\cdots$$

の値を求めよという「バーゼル問題」を1735年(28歳)に解決

したときは（Ｉ）の形を使っていて，

$$1+\frac{1}{2^2}+\frac{1}{3^2}+\cdots=\zeta_{\mathbb{Z}}(2)=\frac{\pi^2}{6}$$

と解答を与えたのであった．その2年後に，オイラー(30歳）は1737年の論文において（II）のオイラー積表示を発見したのである．これによって，$\zeta_{\mathbb{Z}}(s)$ は素数の研究に使えることがわかり，オイラーは

$$\sum_{p:\text{素数}}\frac{1}{p}=\frac{1}{2}+\frac{1}{3}+\frac{1}{5}+\frac{1}{7}+\frac{1}{11}+\cdots=\infty$$

という大定理を証明したのである．最後に到達した（III）は（II）の対数をいちどとって

$$\log\zeta_{\mathbb{Z}}(s)=\sum_{p:\text{素数}}\sum_{m=1}^{\infty}\frac{1}{m}p^{-m}$$

$$=\sum_{q:\text{素数べき}}\frac{1}{m(q)}q^{-s},$$

$$\zeta_{\mathbb{Z}}(s)=\exp\left(\sum_{q:\text{素数べき}}\frac{1}{m(q)}q^{-s}\right)$$

とすればよい．（III）の表示は行列式表示と相性が良く，リーマン予想へと通じる道にある．合同ゼータ

$$\zeta_{X/\mathbb{F}_p}(s)=\exp\left(\sum_{m=1}^{\infty}\frac{|X(\mathbb{F}_{p^m})|}{m}p^{-ms}\right)$$

およびセルバーグゼータ

$$\zeta_M(s)=\exp\left(\sum_{[\gamma]\in\mathrm{Conj}(\pi_1(M))-\{1\}}\frac{1}{m([\gamma])}N([\gamma])^{-s}\right)$$

も（III）の仲間である．

さて，オイラーの結果「素数の逆数和は無限大」こそ，紀元前500年頃のギリシア時代の精華「素数の個数は無限大」からの2000年以上の停滞を破って，ゼータを素数分布に応用した最初の実りであり，その後280年以上にわたってゼータ研究の原動

力を与えてきたものである．何でもコンピューターにまかせれば良いという現代の風潮からすると

$$\frac{1}{2}+\frac{1}{3}+\frac{1}{5}+\frac{1}{7}+\frac{1}{11}+\frac{1}{13}+\frac{1}{17}+\cdots=\infty$$

などコンピューターに計算させれば簡単にわかる，と思う人がいてもおかしくはない．しかし，それは大間違いであり，今までに知られている素数の逆数の和は4程度であり，10にはるかに及ばない．21世紀中ずっとコンピューターに計算させても10にはならないだろう．それは，オイラーが1737年に書いていた通り

$$\sum_{\substack{p<x \\ p\text{は素数}}} \frac{1}{p} \sim \log(\log x) \qquad (x\to\infty)$$

なのであるから，コンピューターでは追いつかないのは無理もない．数学理論から見るしかない．

そこで，素数の逆数和が無限大になることだけでも理論的に見ておこう．それには

$$\zeta_{\mathbb{Z}}(s)=\prod_{p:\text{素数}}(1-p^{-s})^{-1}$$

を $s>1$ において考えて，対数をとることによって（つまり，(III) の表示である）

$$\begin{aligned}\log\zeta_{\mathbb{Z}}(s)&=\sum_{p:\text{素数}}\sum_{m=1}^{\infty}\frac{1}{m}p^{-ms}\\&=\sum_{p:\text{素数}}p^{-s}+\sum_{m=2}^{\infty}\frac{1}{m}\left(\sum_{p:\text{素数}}p^{-ms}\right)\end{aligned}$$

とした上で，

$$P(s)=\sum_{p:\text{素数}}p^{-s}$$

と置いて

$$\log\zeta_{\mathbb{Z}}(s)=P(s)+\sum_{m=2}^{\infty}\frac{P(ms)}{m}$$

と書く．すると，不等式

$$(☆) \quad \log\zeta_{\mathbb{Z}}(s)-\sum_{m=2}^{\infty}\frac{P(ms)}{m}=P(s)<\log\zeta_{\mathbb{Z}}(s)$$

が成立することは明白である．したがって，オイラーの結果 $P(1)=\infty$ を示すには

$$(\mathrm{A}) \quad \frac{1}{s-1}<\zeta_{\mathbb{Z}}(s)<\frac{s}{s-1} \quad (s>1),$$

$$(\mathrm{B}) \quad 0<\sum_{m=2}^{\infty}\frac{P(ms)}{m}<1 \quad (s\geqq 1)$$

を証明したあとで，(☆) において $s\downarrow 1$ とすればよい．まず，(A) の証明は

$$\begin{aligned}
\zeta_{\mathbb{Z}}(s)&=\sum_{n=1}^{\infty}n^{-s}\\
&=1+\sum_{n=2}^{\infty}n^{-s}\\
&=1+\sum_{n=2}^{\infty}\int_{n-1}^{n}n^{-s}dx<1+\sum_{n=2}^{\infty}\int_{n-1}^{n}x^{-s}dx\\
&=1+\int_{1}^{\infty}x^{-s}dx=1+\left[\frac{x^{1-s}}{1-s}\right]_{1}^{\infty}\\
&=1+\frac{1}{s-1}=\frac{s}{s-1},
\end{aligned}$$

$$\begin{aligned}
\zeta_{\mathbb{Z}}(s)&=\sum_{n=1}^{\infty}n^{-s}=\sum_{n=1}^{\infty}\int_{n}^{n+1}n^{-s}dx>\sum_{n=1}^{\infty}\int_{n}^{n+1}x^{-s}dx=\int_{1}^{\infty}x^{-s}dx\\
&=\left[\frac{x^{1-s}}{1-s}\right]_{1}^{\infty}=\frac{1}{s-1}
\end{aligned}$$

として得られる．(B) については，$s\geqq 1$ に対して

$$0<\sum_{m=2}^{\infty}\frac{P(ms)}{m}\leqq\sum_{m=2}^{\infty}\frac{P(m)}{m}$$

となるので，

$$\sum_{m=2}^{\infty}\frac{P(m)}{m}=\sum_{p:\text{素数}}\sum_{m=2}^{\infty}\frac{1}{m}p^{-m}<\sum_{p:\text{素数}}\sum_{m=2}^{\infty}p^{-m}=\sum_{p:\text{素数}}\frac{p^{-2}}{1-p^{-1}}$$

$$=\sum_{p:\text{素数}}\frac{1}{p(p-1)}<\sum_{n=2}^{\infty}\frac{1}{n(n-1)}$$

$$=\sum_{n=2}^{\infty}\left(\frac{1}{n-1}-\frac{1}{n}\right)=1$$

を用いて証明に至る．このようにして，オイラーの証明した「素数の逆数和は無限大」という画時代的な成果が確認できた．リーマンの素数公式（第1章参照）も，その延長線上にある．

ところで，リーマンが1859年に提出した$\zeta_{\mathbb{Z}}(s)$のリーマン予想はどうなっているのかと言えば，$\zeta_{\mathbb{Z}}(s)$の$s=-2,-4,-6,\cdots$以外の零点ρは（可算）無限個あって，すべて虚数であることは証明されている．あとは，$\mathrm{Re}(\rho)=\frac{1}{2}$を証明すれば良いだけである．ここ160年間の進展具合を見るには

$$\Theta_{\mathbb{Z}}=\sup\{\mathrm{Re}(\rho)\,|\,\rho\text{は}\zeta_{\mathbb{Z}}(s)\text{の虚の零点}\}$$

とおくのがわかりやすい．$\zeta_{\mathbb{Z}}(s)$に対するリーマン予想とは$\Theta_{\mathbb{Z}}=\frac{1}{2}$を言っている．リーマンが1859年当時知っていたことは

$$\frac{1}{2}\leqq\Theta_{\mathbb{Z}}\leqq 1$$

である．それが160年後の現在どこまで来たかと言うと，リーマンの知っていたのと同じ

$$\frac{1}{2}\leqq\Theta_{\mathbb{Z}}\leqq 1$$

であって，リーマン予想への第一歩

$$\frac{1}{2}\leqq\Theta_{\mathbb{Z}}<1$$

すら証明できていない．この意味では「リーマン予想は160年

間 (1859 – 2019) 一歩も進んでいない」と言うのが正しい．

4.2　リーマン：7月のゼータ者

リーマン (1826年9月17日 – 1866年7月20日) が亡くなったのは，イタリアのマジョーレ湖畔にて7月20日のことだった．胸の病いの転地療養のためにイタリアを訪れていたのであった．まだ，39歳であった．リーマンが眠っているのはマジョーレ湖西岸の小高い丘の上の教会の墓地である．

リーマンがリーマン予想を公表したのは，1859年11月の『ベルリン学士院月報』671 – 680頁に出た短報「与えられた大きさ以下の素数の個数について」においてである．

この論文は，リーマンにとってはベルリン学士院会員になったあいさつという意味付けであった．$\zeta_{\mathbb{Z}}(s)$ の解析接続 (2種類) と関数等式の証明および素数公式を述べている．そこに書かなかった $\zeta_{\mathbb{Z}}(s)$ の零点の数値計算によってリーマン予想を確認する方法など，背景となる数学についての詳しい説明は別の論文を予定していたはずであるが，その後7年弱で地球を去ってしまい時間が許さず出版されなかった．実に残念なことである．リーマンは強度な引きこもりの性格もあって，数学することによって何とか生をつないでいた人生だった．

明るい話題としては，リーマンのゼータ研究が如何に深いところまで到達していたかを，大数学者であり，ゲッティンゲン大学教授であったジーゲル (1896 – 1981) がゲッティンゲン大学に残されていたリーマンの遺稿 (計算メモを含む) を調査した結果を1932年に報告書

C.L.Siegel “Über Riemanns Nachlaß zur analytischen Zahlentheorie” Quellen und Studien zur Geschichte der Mathematik, Astronomie und Physik **2** (1932) 45 – 80

で明らかにしたことである．

それによれば，リーマンは $\zeta_{\mathbb{Z}}(s)$ のいくつかの虚の零点の数値計算（手計算）をしていて，たとえば，虚部が正で最小のものは

$$\rho=\frac{1}{2}+i\cdot 14.1386$$

と求めていた．ちなみに，現在知られている値は

$$\rho=\frac{1}{2}+i\cdot 14.13472\cdots$$

であり，リーマンの手計算の正確さに驚く．その方法は，$\zeta_{\mathbb{Z}}(s)$ を表示するリーマン・ジーゲル公式（ジーゲルが上記の報告書でリーマンの計算メモから解読したために，その名前が付いた）をまず証明して，零点の計算に用いるというものである．$\zeta_{\mathbb{Z}}(s)$ の虚の零点の計算は，現代では高速コンピューターを使って行われているが，その基本はリーマンがやった手計算と同じくリーマン・ジーゲル公式なのである．

このジーゲルの解読は，リーマンが数値計算など行わずに純粋思考によって理論を組立てていたと考えたい多くの数学関係者にとっても衝撃だった．しかも，リーマンの計算メモには何十桁にも及ぶ計算がビッシリと書き込まれていたのであり，それは $\sqrt{5}$ の計算をずっとするというように，単に計算によって生きていた如くであった．

このようにして，リーマンがリーマン予想の証明に迫っていたのではないか，証明も持っていたのではないか，という期待がますます高まってくる．しかし，資料がなく，その解明は困難となっている．なお，リーマンの“証明”についての推測を

黒川信重『リーマンと数論』共立出版，2016年

に書いておいたので，興味のある方は参照されたい．

4.3 固有値解釈

リーマン予想を解決する本命は固有値解釈であると考えられている．実績からしても，合同ゼータおよびセルバーグゼータという二大ゼータ族に対してリーマン予想の証明が完成したのは，どちらの場合も零点・極を固有値として解釈することによってであった．

簡単な例題をやってみよう（これは，絶対ゼータの例である）．

> **練習問題 1**　実数成分の n 次正方行列 A が ${}^tA=-A$（t は転置）をみたすとき，実交代行列と呼ぶ．このとき，ゼータ関数を
>
> $$Z_A(s)=\det(sE_n-A)$$
>
> とおく．次を示せ．
>
> (1)［関数等式］
>
> $$Z_A(-s)=(-1)^n Z_A(s).$$
>
> (2)［リーマン予想類似］
>
> $$Z_A(s)=0 \text{ なら } \mathrm{Re}(s)=0.$$

解答

(1)
$$\begin{aligned} Z_A(s) &= \det(-sE_n-A) \\ &= \det(-(sE_n-{}^tA)) \\ &= (-1)^n\det({}^t(sE_n-A)) \\ &= (-1)^n\det(sE_n-A) \\ &= (-1)^n Z_A(s). \end{aligned}$$

(2) A は正規行列なので，ユニタリ行列 U によって対角化できる：

$$U^*AU=\begin{pmatrix}\alpha_1 & & 0\\ & \ddots & \\ 0 & & \alpha_n\end{pmatrix}.$$

ここで，$U^*={}^t\overline{U}=U^{-1}$．よって，

$$(U^*AU)^*=\begin{pmatrix}\overline{\alpha}_1 & & 0\\ & \ddots & \\ 0 & & \overline{\alpha}_n\end{pmatrix}$$

となるが，左辺は $U^*A^*U=-U^*AU$ なので

$$\begin{pmatrix}-\alpha_1 & & 0\\ & \ddots & \\ 0 & & -\alpha_n\end{pmatrix}=\begin{pmatrix}\overline{\alpha}_1 & & 0\\ & \ddots & \\ 0 & & \overline{\alpha}_n\end{pmatrix}$$

である．したがって，

$$\mathrm{Re}(\alpha_1)=\cdots=\mathrm{Re}(\alpha_n)=0.$$

一方，

$$A=U\begin{pmatrix}\alpha_1 & & 0\\ & \ddots & \\ 0 & & \alpha_n\end{pmatrix}U^{-1}$$

より

$$\begin{aligned}Z_A(s)&=\det\left(sE_n-U\begin{pmatrix}\alpha_1 & & 0\\ & \ddots & \\ 0 & & \alpha_n\end{pmatrix}U^{-1}\right)\\&=\det\left(U\left(sE_n-\begin{pmatrix}\alpha_1 & & 0\\ & \ddots & \\ 0 & & \alpha_n\end{pmatrix}\right)U^{-1}\right)\\&=\det\left(sE_n-\begin{pmatrix}\alpha_1 & & 0\\ & \ddots & \\ 0 & & \alpha_n\end{pmatrix}\right)\\&=(s-\alpha_1)\cdots(s-\alpha_n)\end{aligned}$$

なので，$Z_A(s)=0$ なら $\mathrm{Re}(s)=0$ が成立する．　**(証明終)**

言うまでもないことであるが，この解答に現れている $\alpha_1,\cdots,\alpha_n$ は A の固有値である．

この方針を拡張して $\xi_{\mathbb{Z}}(s)$ の場合に適用しようとするのが

1914 年に考案された「ヒルベルト・ポリヤ予想」というものである．そのために

$$Z_{\mathbb{Z}}(s)=\zeta_{\mathbb{Z}}\left(s+\frac{1}{2}\right)\pi^{-\frac{1}{4}-\frac{s}{2}}\Gamma\left(\frac{1}{4}+\frac{s}{2}\right)\left(s^2-\frac{1}{4}\right)$$

とおく（Γ はガンマ関数）．すると，$Z_{\mathbb{Z}}(s)$ はすべての複素数 $s\in\mathbb{C}$ に対して正則な関数となり，関数等式

$$Z_{\mathbb{Z}}(-s)=Z_{\mathbb{Z}}(s)$$

をみたす．また，リーマン予想とは

$$Z_{\mathbb{Z}}(s)=0 \text{ なら } \mathrm{Re}(s)=0$$

となる．このとき，ヒルベルト・ポリヤ予想とは簡略に述べると次の形になる：

ヒルベルト・ポリア予想

ある無限次実交代行列 A によって

$$Z_{\mathbb{Z}}(s)=\det(sE_{\infty}-A)$$

と書くことができる．

ただし，ここでは詳細な定式化は省略している．上記の素朴な形で考えても，ヒルベルト・ポリヤ予想が成立すれば $\zeta_{\mathbb{Z}}(s)$ のリーマン予想が導かれるであろうことは感じていただけることであろう．

練習問題として，もう少し（Ⅲ）型に近いものを二つやっておこう．

練習問題2　A が n 次実直交行列のとき

$$\zeta_A(s) = \exp\left(\sum_{m=1}^{\infty} \frac{\mathrm{tr}(A^m)}{m} e^{-ms}\right)$$

とおく（はじめは $\mathrm{Re}(s) > 0$）．ここで，$\mathrm{tr} = \mathrm{trace}$ はトレース（跡，対角和，固有和）である．次を示せ．

(1)［行列式表示］

$$\zeta_A(s) = \det(E_n - e^{-s}A)^{-1}.$$

(2)［関数等式］

$$\zeta_A(-s) = (-1)^n e^{-ns} \det(A)^{-1} \zeta_A(s).$$

(3)［リーマン予想類似］

$$\zeta_A(s) = \infty \text{ なら } \mathrm{Re}(s) = 0.$$

解答

(1) A は正規行列なのでユニタリ行列 U によって対角化できる：

$$U^* A U = \begin{pmatrix} \alpha_1 & & 0 \\ & \ddots & \\ 0 & & \alpha_n \end{pmatrix}.$$

したがって，

$$(U^* A U)^* = \begin{pmatrix} \overline{\alpha}_1 & & 0 \\ & \ddots & \\ 0 & & \overline{\alpha}_n \end{pmatrix}$$

となるが，左辺は $U^* A^* U = U^* A^{-1} U$ なので

$$\begin{pmatrix} \alpha_1 & & 0 \\ & \ddots & \\ 0 & & \alpha_n \end{pmatrix} \begin{pmatrix} \overline{\alpha}_1 & & 0 \\ & \ddots & \\ 0 & & \overline{\alpha}_n \end{pmatrix} = \begin{pmatrix} 1 & & 0 \\ & \ddots & \\ 0 & & 1 \end{pmatrix}.$$

よって

$$|\alpha_1| = \cdots = |\alpha_n| = 1$$

である．一方，

$$U^{-1}A^mU=(U^{-1}AU)^m$$
$$=\begin{pmatrix}\alpha_1 & & 0\\ & \ddots & \\ 0 & & \alpha_n\end{pmatrix}^m$$
$$=\begin{pmatrix}\alpha_1^m & & 0\\ & \ddots & \\ 0 & & \alpha_n^m\end{pmatrix}$$

のトレースをとれば

$$\mathrm{tr}(A^m)=\mathrm{tr}(U^{-1}A^mU)$$
$$=\alpha_1^m+\cdots+\alpha_n^m$$

となる．したがって

$$\exp\left(\sum_{m=1}^{\infty}\frac{\alpha_j^m}{m}x^m\right)=\frac{1}{1-\alpha_jx}\quad(|x|<1)$$

を用いると

$$\zeta_A(s)=\prod_{j=1}^{n}(1-\alpha_je^{-s})^{-1}$$
$$=\det(E_n-e^{-s}A)^{-1}$$

を得る．ここの s はすべての複素数でよい（解析接続）．

(2) 行列式表示と $A^tA=E_n$ を用いると

$$\zeta_A(-s)=\det(E_n-e^sA)^{-1}$$
$$=\det((-e^sA)(E_n-e^{-s}\cdot{}^tA))^{-1}$$
$$=(-1)^ne^{-ns}\det(A)^{-1}\det({}^t(E_n-e^{-s}A))^{-1}$$
$$=(-1)^ne^{-ns}\det(A)^{-1}\det(E_n-e^{-s}A)^{-1}$$
$$=(-1)^ne^{-ns}\det(A)^{-1}\zeta_A(s)$$

となる．

(3) A の固有値を $\alpha_1,\cdots,\alpha_n$ とすると，行列式表示より

$$\zeta_A(s)=\infty\Longleftrightarrow e^s=\alpha_j\quad(\text{ある } j=1,\cdots,n)$$

であるから，$\zeta_A(s)=\infty$ なら

$$|e^s|=|\alpha_j|=1$$

となる．ここで，

$$|e^s|=e^{\mathrm{Re}(s)}$$

に注意すると，$\mathrm{Re}(s)=0$ を得る．　　　　　　　　　　**（解答終）**

練習問題3　n 次の置換 $\sigma\in S_n$ に対してゼータ関数を

$$\zeta_\sigma(s)=\exp\left(\sum_{m=1}^{\infty}\frac{|\mathrm{Fix}(\sigma^m)|}{m}e^{-ms}\right)$$

とする．ただし，はじめは $\mathrm{Re}(s)>0$ であり，

$$|\mathrm{Fix}(\sigma^m)|=|\{i=1,\cdots,n\,|\,\sigma^m(i)=i\}|$$

は不動点（固定点）集合 $\mathrm{Fix}(\sigma^m)$ の元の個数である．いま，σ の置換行列を

$$M(\sigma)=(\delta_{i\ \sigma(j)})_{i,j=1,\cdots,n}$$

とおく．ここで，

$$\delta_{ij}=\begin{cases}1 & \cdots\ i=j,\\ 0 & \cdots\ i\neq j\end{cases}$$

である．次を示せ．

(1) ［行列式表示］

$$\zeta_\sigma(s)=\det(E_n-e^{-s}M(\sigma))^{-1}.$$

(2) ［関数等式］

$$\zeta_\sigma(-s)=(-1)^n e^{-ns}\mathrm{sgn}(\sigma)\zeta_\sigma(s).$$

(3) ［リーマン予想類似］

$$\zeta_\sigma(s)=\infty\ \text{なら}\ \mathrm{Re}(s)=0.$$

解答

(1) まず,

$$|\mathrm{Fix}(\sigma^m)| = \mathrm{tr}(M(\sigma^m))$$

を示す．そのためには右辺を計算すればよい：

$$\begin{aligned}\mathrm{tr}(M(\sigma^m)) &= \sum_{i=1}^{n} \sigma_{i\ \sigma^m(i)} \\ &= |\{i = 1, \cdots, n \mid \delta_{i\ \sigma^m(i)} = 1\}| \\ &= |\{i = 1, \cdots, n \mid \sigma^m(i) = i\}| \\ &= |\mathrm{Fix}(\sigma^m)|.\end{aligned}$$

次に,

$$M : S_n \longrightarrow O(n, \mathbb{R})$$

は n 次対称群 S_n から n 次実直交群 $O(n, \mathbb{R})$ への群準同型（表現）になることが容易にわかるので

$$M(\sigma^m) = M(\sigma)^m$$

をみたす．したがって,

$$|\mathrm{Fix}(\sigma^m)| = \mathrm{tr}(M(\sigma^m)) = \mathrm{tr}(M(\sigma)^m)$$

である．よって

$$\zeta_\sigma(s) = \exp\left(\sum_{m=1}^{\infty} \frac{\mathrm{tr}(M(\sigma)^m)}{m} e^{-ms}\right) = \zeta_{M(\sigma)}(s)$$

となる．したがって，前問より行列式表示

$$\zeta_\sigma(s) = \det(E_n - e^{-s} M(\sigma))^{-1}$$

が成立する（s はすべての複素数）.

(2) 前問の関数等式

$$\zeta_{M(\sigma)}(-s) = (-1)^n e^{-ns} \det(M(\sigma))^{-1} \zeta_{M(\sigma)}(s)$$

において

$$\det(M(\sigma)) = \mathrm{sgn}(\sigma) \quad (= \pm 1)$$

であることを用いると

$$\zeta_\sigma(-s) = (-1)^n e^{-ns} \mathrm{sgn}(\sigma) \zeta_\sigma(s)$$

を得る．

(3) $\zeta_{\sigma}(s)=\zeta_{M(\sigma)}(s)$ であるから前問より成立する． **(解答終)**

行列式表示を巡回置換に分解するとオイラー積表示が得られる．このようにして，『線形代数』の中にリーマン予想への道が見えてくる．これも，ゼータの風景である．

ハッセゼータ

ハッセゼータは最もゼータらしいゼータであり，ゼータの根源的難しさを示しているゼータである．整数環 $\mathbb{Z}$ 上の代数的集合（スキーム，代数多様体）のゼータ関数であり，複雑な手続きなど一切なく単純に構成されていて，いつでも有理型関数として，すべての複素数変数へと解析接続できると予想されている（ハッセ予想）．関数等式およびリーマン予想類似が成立すると期待されているのは当然である．この予想は 1930 年代末にハッセにより立てられているので 80 年程経つことになる．

今のところ，有力な手法は保型表現（保型形式）のゼータで表わすことであると考えられている――ラングランズ予想（1970 年）――が，全体像は描かれていない．ラングランズ予想によって，保型表現のゼータに帰着させたとしても，それらのゼータの解析接続は，また別の問題である．

何故ハッセ予想はこんなにも難しいのだろうか，人類の手に負えるものだろうか，というのが真の大問題である．

5.1 ハッセゼータ

ハッセゼータは 1930 年代後半に考えられた．場所はゼータの聖地ゲッティンゲン大学である．1930 年代後半にゲッティンゲン大学に来た大学院生ピエール・アンベール（Pierre Humbert, 1913 年 3 月 13 日スイス生れ～1941 年 10 月 14 日歿，28 歳）にハッセが学位論文のテーマとしてハッセ予想（具体的には楕円曲線の場合）を提案したのが最初である．ただし，この問題は難しすぎたため，アンベールはジーゲルの指導の下に2次形式論に関する論文をいくつか書き上げて学位を得たのであった．

ハッセゼータは，$\mathbb{Z}$ 上の代数的集合 X に対して

$$\zeta_{X/\mathbb{Z}}(s)=\exp\left(\sum_{p:\text{素数}}\sum_{m=1}^{\infty}\frac{|X(\mathbb{F}_{p^m})|}{m}p^{-ms}\right)$$

と定まるゼータである．合同ゼータが

$$\zeta_{X/\mathbb{F}_p}(s)=\exp\left(\sum_{m=1}^{\infty}\frac{|X(\mathbb{F}_{p^m})|}{m}p^{-ms}\right)$$

であったから

$$\zeta_{X/\mathbb{Z}}(s)=\prod_{p:\text{素数}}\zeta_{X/\mathbb{F}_p}(s)$$

という合同ゼータの素数全体にわたる積──これもオイラー積──となっている．なお，代数的集合 X とは，少なくともはじめは零点集合

$$X=\{(x_1,\cdots,x_r)\mid f_j(x_1,\cdots,x_r)=0 \qquad (j=1,\cdots,t)\}$$

と考えておけばよい．ここで，f_j は $\mathbb{Z}$ 係数の多項式であり，たとえば，

$$X(\mathbb{F}_{p^m})=\{(x_1,\cdots,x_r)\in(\mathbb{F}_{p^m})^r\mid f_j(x_1,\cdots,x_r)=0\ (j=1,\cdots,t)\}$$

となる．ただし．この場合には f_j の係数は $\bmod p$ しておく．

一番簡単なハッセゼータは，$f(x)=x$ としたときの，1点

$$X=\{0\}=\{x\mid f(x)=0\}$$

である．このとき，$X(\mathbb{F}_{p^m})=\{0\}$ であるから

$$\begin{aligned}\zeta_{X/\mathbb{Z}}(s)&=\exp\left(\sum_{p:\text{素数}}\sum_{m=1}^{\infty}\frac{1}{m}p^{-ms}\right)\\&=\prod_{p:\text{素数}}(1-p^{-s})^{-1}\\&=\zeta_{\mathbb{Z}}(s)\end{aligned}$$

となる．ちなみに，このときの合同ゼータは

$$\zeta_{X/\mathbb{F}_p}(s) = \exp\left(\sum_{m=1}^{\infty} \frac{1}{m} p^{-ms}\right)$$
$$= (1-p^{-s})^{-1}$$
$$= \zeta_{\mathbb{F}_p}(s)$$

である．したがって，$\zeta_{\mathbb{Z}}(s)$ に対するオイラー積表示

$$\zeta_{\mathbb{Z}}(s) = \prod_{p:\text{素数}} \zeta_{\mathbb{F}_p}(s)$$

とは，一般のハッセゼータのオイラー積表示

$$\zeta_{X/\mathbb{Z}}(s) = \prod_{p:\text{素数}} \zeta_{X/\mathbb{F}_p}(s)$$

の特別の場合となっている．

さて，ハッセゼータの一般的扱い方を説明するために，X は d 次元の射影的非特異代数多様体としよう．すると，合同ゼータ $\zeta_{X/\mathbb{F}_p}(s)$ に対するグロタンディークの行列式表示により

$$\zeta_{X/\mathbb{F}_p}(s) = \prod_{k=0}^{2d} \det(1-p^{-s}\mathrm{Frob}_p \mid H^k(\overline{X}))^{(-1)^{k+1}}$$

となる．ただし，$\overline{X} = X \otimes_{\mathbb{F}_p} \overline{\mathbb{F}}_p$ である．なお，導手と呼ばれる自然数の約数となる有限個の素数 p に対する $X/\mathbb{F}_p$ の場合には上の行列式表示が使えないことがあり（p を“bad”「悪い還元を持つ」などと言う；そうではない p を“good”「良い還元を持つ」という），そのような有限個の p を除くべきであるが，$\zeta_{X/\mathbb{Z}}(s)$ の解析接続には影響がない（ただし，良い関数等式のためにはすべての素数 p を考慮に入れることが必要）ので，ここでは，以下で“ p は good”を省略していると思っておこう．

したがって，ハッセゼータは

$$\zeta_{X/\mathbb{Z}}(s) = \prod_{k=0}^{2d} L_k(s, X/\mathbb{Z})^{(-1)^k}$$

となる．この $L_k(s, X/\mathbb{Z})$ は，$\zeta_{X/\mathbb{Z}}(s)$ をコホモロジーの次元ごとに分けた L 関数

$$L_k(s, X/\mathbb{Z}) = \prod_{p:\text{素数}} \det(1-p^{-s}\mathrm{Frob}_p \mid H^k(\overline{X}))^{-1}$$

を表している．

このようにして，ハッセゼータ $\zeta_{X/\mathbb{Z}}(s)$ の解析接続を行うには L 関数 $L_k(s, X/\mathbb{Z})$（$k=0,1,\cdots,2d$）の解析接続をすればよい，ということになる．ちなみに，両端の $k=0, 2d$ では

$$L_0(s, X/\mathbb{Z}) = \zeta_{\mathbb{Z}}(s),$$
$$L_{2d}(s, X/\mathbb{Z}) = \zeta_{\mathbb{Z}}(s-d)$$

と簡単になっている．一般の k に対しては，$L_k(s, X/\mathbb{Z})$ を自然に構成されるガロア表現

$$\mathrm{Gal}(\overline{\mathbb{Q}}/\mathbb{Q}) \longrightarrow \mathrm{Aut}(H^k(X \otimes_{\mathbb{Q}} \overline{\mathbb{Q}}))$$

の L 関数と見ることができるため，ラングランズ予想により，ある保型表現 π_k があって

$$L_k(s, X/\mathbb{Z}) = L(s, \pi_k)$$

となることが期待される．したがって，$L(s, \pi_k)$の解析接続ができれば $\zeta_{X/\mathbb{Z}}(s)$ の解析接続ができる，という話になる．

なお，予想される関数等式は

$$L_k(s, X/\mathbb{Z}) : s \longleftrightarrow k+1-s$$

であり，ポアンカレ双対性からくる

$$L_{2d-k}(s, X/\mathbb{Z}) = L_k(s+k-d, X/\mathbb{Z})$$

とを合わせると，$\zeta_{X/\mathbb{Z}}(s)$ の予想される関数等式は

$$\zeta_{X/\mathbb{Z}}(s) : s \longleftrightarrow d+1-s$$

となる．実際，

$$\begin{aligned}\zeta_{X/\mathbb{Z}}(d+1-s) &= \prod_{k=0}^{2d} L_k(d+1-s,\ X/\mathbb{Z})^{(-1)^k} \\ &\cong \prod_{k=0}^{2d} L_k(k+1-(d+1-s),\ X/\mathbb{Z})^{(-1)^k} \\ &= \prod_{k=0}^{2d} L_k(s+k-d, X/\mathbb{Z})^{(-1)^k} \\ &= \prod_{k=0}^{2d} L_{2d-k}(s, X/\mathbb{Z})^{(-1)^k} \\ &= \prod_{k=0}^{2d} L_k(s, X/\mathbb{Z})^{(-1)^k} \\ &= \zeta_{X/\mathbb{Z}}(s)\end{aligned}$$

となる．ただし，$\cong$ のところではガンマ因子や導手 (conductor) のべきなどの項を省略している．

わかりやすい実例としては，$d=0$ のときの 1 点 $X=\{0\}$ の場合の関数等式

$$\zeta_{\{0\}/\mathbb{Z}}(s)=\zeta_{\mathbb{Z}}(s) : s \longleftrightarrow 1-s$$

や $d=1$ のときの射影直線 $X=\mathbb{P}^1$（種数 0）の場合の関数等式

$$\zeta_{\mathbb{P}^1/\mathbb{Z}}(s)=\zeta_{\mathbb{Z}}(s)\zeta_{\mathbb{Z}}(s-1) : s \longleftrightarrow 2-s$$

がある．

その次に現れるのが $d=1$ のときの種数 1 の代数曲線である楕円曲線 (elliptic curve) である．普通 E と書かれる．このときは

$$\begin{aligned}\zeta_{E/\mathbb{Z}}(s) &= \frac{\zeta_{\mathbb{Z}}(s)\zeta_{\mathbb{Z}}(s-1)}{L(s, E)}, \\ L(s, E) &= L_1(s, E/\mathbb{Z}) \\ &= \prod_{p \nmid N} (1-a(p)p^{-s}+p^{1-2s})^{-1} \times \prod_{p \mid N} (1-a(p)p^{-s})^{-1}\end{aligned}$$

となる．ここでは，導手 (conductor) N も導入して “悪い” p 因子も書いておいた．N の約数となる p が “bad” であり，

$$a(p)=\begin{cases}1\\-1\\0\end{cases}$$

の3通りがある．N の約数でない p（“good”）に対しては

$$a(p)=p+1-|E(\mathbb{F}_p)|$$

であり，合同ゼータ $\zeta_{E/\mathbb{F}_p}(s)$ のリーマン予想（ハッセが1933年に証明）より

$$|a(p)|\leqq 2\sqrt{p}$$

が成立する．すなわち $p\nmid N$ に対しては $|\alpha(p)|=p^{\frac{1}{2}}$ となる $\alpha(p)$（$\alpha(p)$ はフロベニウス作用素の固有値）によって

$$a(p)=\alpha(p)+\overline{\alpha(p)}$$

と書くことができるので

$$1-a(p)p^{-s}+p^{1-2s}=(1-\alpha(p)p^{-s})(1-\overline{\alpha(p)}p^{-s})$$

となる．

したがって，$L(s,E)$ のオイラー積は $\mathrm{Re}(s)>\frac{3}{2}$ において絶対収束して，そこにおいて正則関数となることがわかる．$L(s,E)$ をすべての複素数 s へと解析接続することが，1930年代末にハッセが問題にしたことであり，第2章で紹介したヴェイユの1955年の講演「ゼータ関数の育成について」の主題であった．

その解析接続および関数等式に関する実質的な研究は1950年代に，1953年のドイリンクの論文（虚数乗法を持つ楕円曲線の場合）

M.Deuring“Die Zetafunktion einer algebraischen Kurve vom Geschlechte Eins”［種数1の代数曲線のゼータ関数］Nachr. Akad. Wiss. Göttingen (1953) 85–94

および1954年のアイヒラーの論文（モジュラー曲線となる楕円曲線の一部）

M.Eichler"Quaternäre quadratische Formen und die Riemannsche Vermutung für die Kongruenz–Zetafunktion"［4変数2次形式と合同ゼータ関数のリーマン予想］Archiv Math. **5** (1954) 355–366

からはじまった．これを受けて，1955年の谷山予想（問題12）とヴェイユの東大講演があった．

それから40年経って，1995年出版の有名な論文（Ann. of Math.**141** (1995)）においてワイルズ（およびテイラー）がフェルマー予想を解決する際に必要となる広い範囲の楕円曲線 E（N が平方因子を持たない場合）に対して，$L(s,E)$ の解析接続と関数等式を証明した．すべての楕円曲線に対する証明は，最終的にテイラーたち四人組（ブロイル，コンラッド，ダイアモンド，テイラー）によって2001年に完成した：

C.Breuil, B.Conrad, F.Diamond, and R.Taylor"On the modularity of elliptic curves ober $\mathbb{Q}$"［$\mathbb{Q}$ 上の楕円曲線のモジュラー性］J.Amer. Math. Soc. **14** (2001) 843–939.

改めて，ハッセゼータという問題を提起した偉大さに思い至る．

このようにして，$\mathbb{Q}$ 上の楕円曲線のハッセゼータの場合には完全解決に至ったのであるが，その他の場合はというと部分的な進展はあるものの全貌は霧の中である．

5.2 ハッセ：8月のゼータ者

8月25日生れのハッセ（1898年8月25日 – 1979年12月26日）はハッセゼータ以外にも数論に数多くの貢献をしている．局所大域原理のはじまりである「ハッセ原理」(Hasse principle）は1920年代の学位論文にて証明された．これは，2次形式の大域零点と局所零点との関係を示している．

さらに，1930年代には，先にも触れた通り，楕円曲線の合同ゼータ関数に対するリーマン予想を1933年に証明している．これは，合同ゼータ関数のリーマン予想に関する最初のまとまった成功であった．おさらいをしておくと，ハッセの行ったのは種数1の代数曲線の合同ゼータ関数のリーマン予想の証明であり，種数が一般の代数曲線の合同ゼータ関数のリーマン予想の証明は，ヴェイユが十年程の研究の後に1948年に論文（本）を出版して解決となったのである．第2章で述べた通り，1949年にヴェイユは一般次元の代数多様体の合同ゼータ関数の定式化と予想を提出し，そのリーマン予想の証明はグロタンディークの膨大な研究の後にドリーニュが1974年に完全に一般的に行う，というのが歴史である．

ここでは，ハッセのゼータに関する愛すべき小品を紹介しよう：

H.Hasse“Ein Summierungsverfahren für die Riemannsche ζ–Reihe”［リーマンの ζ–級数に対する和公式］Math.Zeit. **32** (1930) 447–453.

この論文は $\zeta_{\mathbb{Z}}(s)$ の新しい解析接続法を与えているのであるが，当時はあまり注目されなかったものと考えられる．実際，$\zeta_{\mathbb{Z}}(s)$ の解析接続法はたくさん知られていたのである．

ところが，

黒川信重『オイラーのゼータ関数論』現代数学社，2018年

の第7章「オイラー定数の積分表示」にて明らかになった通り，ハッセの論文は絶対ゼータ関数論から見ることによって，その真価がわかるのである．つまり，ハッセは実質的に $\zeta_{\mathbb{Z}}(s)$ に対する表示

$$\zeta_{\mathbb{Z}}(s)=\frac{1}{s-1}+\sum_{n=2}^{\infty}\frac{1}{n}\frac{Z_{\mathbb{G}_m^{n-1}/\mathbb{F}_1}(s-1,n)}{s-1}$$

を証明していたのである．ここで，

$$Z_{\mathbb{G}_m^{n-1}/\mathbb{F}_1}(s-1,n)=\sum_{k=1}^{n}(-1)^{k-1}\binom{n-1}{k-1}k^{1-s}$$

は絶対フルビッツゼータ関数である．

この表示は，オイラーに起源をもつ積分表示（1768 年）

$$\zeta_{\mathbb{Z}}(s)=\frac{1}{\Gamma(s)}\int_0^1\frac{(\log\frac{1}{x})^{s-1}}{1-x}dx$$

から出発して，オイラー定数に対するオイラーの 1776 年の公式

$$\gamma=\sum_{n=2}^{\infty}\frac{1}{n}\log\zeta_{\mathbb{G}_m^{n-1}/\mathbb{F}_1}(n)$$

を導く手法によって得られる：

$$\begin{aligned}
\zeta_{\mathbb{Z}}(s)&=\frac{1}{\Gamma(s)}\int_0^1\frac{\log\frac{1}{x}}{1-x}\left(\log\frac{1}{x}\right)^{s-2}dx\\
&=\frac{1}{\Gamma(s)}\int_0^1\frac{-\log(1-(1-x))}{1-x}\left(\log\frac{1}{x}\right)^{s-2}dx\\
&=\frac{1}{\Gamma(s)}\int_0^1\frac{\displaystyle\sum_{n=1}^{\infty}\frac{(1-x)^n}{n}}{1-x}\left(\log\frac{1}{x}\right)^{s-2}dx\\
&=\sum_{n=1}^{\infty}\frac{1}{n}\cdot\frac{1}{\Gamma(s)}\int_0^1(1-x)^{n-1}\left(\log\frac{1}{x}\right)^{s-2}dx\\
&=\sum_{n=1}^{\infty}\frac{1}{n}\cdot\frac{1}{\Gamma(s)}\int_0^1\left(\sum_{k=0}^{n-1}(-1)^k\binom{n-1}{k}x^k\right)\left(\log\frac{1}{x}\right)^{s-2}dx\\
&=\sum_{n=1}^{\infty}\frac{1}{n}\cdot\frac{\Gamma(s-1)}{\Gamma(s)}\left(\sum_{k=0}^{n-1}(-1)^k\binom{n-1}{k}(k+1)^{1-s}\right)\\
&=\sum_{n=1}^{\infty}\frac{1}{n}\cdot\frac{1}{s-1}\left(\sum_{k=1}^{n}(-1)^{k-1}\binom{n-1}{k-1}k^{1-s}\right)\\
&=\frac{1}{s-1}+\sum_{n=2}^{\infty}\frac{1}{n}\cdot\frac{Z_{\mathbb{G}_m^{n-1}/\mathbb{F}_1}(s-1,n)}{s-1}.
\end{aligned}$$

ここで，$n \geqq 2$ に対しては

$$Z_{\mathbb{G}_m^{n-1}/\mathbb{F}_1}(0,n)=\sum_{k=1}^{n}(-1)^{k-1}\binom{n-1}{k-1}=0$$

となることから

$$\zeta_{\mathbb{Z}}(s)-\frac{1}{s-1}=\sum_{n=2}^{\infty}\frac{1}{n}\cdot\frac{Z_{\mathbb{G}_m^{n-1}/\mathbb{F}_1}(s-1,n)}{s-1}$$

はすべての複素数 s に対して正則な関数に解析接続できることがわかる．

このハッセの方法の応用として得られるものを3つ挙げておこう．

(1) $n=0,1,2,\cdots$ に対して $\zeta_{\mathbb{Z}}(-n)\in\mathbb{Q}$ となること，および $\zeta_{\mathbb{Z}}(-n)$ の明示公式（ベルヌイ数を用いる）．

(2) $n=3,4,5,\cdots$ に対して $\zeta_{\mathbb{Z}}(n)$ は多重ゼータ値（オイラー，1771年）として表示できる．とくに，

$$\zeta_{\mathbb{Z}}(3)=\frac{1}{2}\sum_{n=1}^{\infty}\frac{H_n}{n^2}.$$

ただし，$H_n=\sum_{k=1}^{n}\frac{1}{k}$ は調和数である．

(3) オイラーの表示（1776年）

$$\gamma=\sum_{n=2}^{\infty}\frac{1}{n}\log\zeta_{\mathbb{G}_m^{n-1}/\mathbb{F}_1}(n).$$

ハッセは (1) のみを書いている．オイラーの論文については知らなかったものと思われる．偶然，オイラーと同一の手法を使っていたのである．(2) と (3) を含めた詳細については『オイラーのゼータ関数論』を読まれたいが，たとえば (3) は

$$\zeta_{\mathbb{Z}}(s)-\frac{1}{s-1}=\sum_{n=2}^{\infty}\frac{1}{n}\cdot\frac{Z_{\mathbb{G}_m^{n-1}/\mathbb{F}_1}(s-1,n)}{s-1}$$

において $s \to 1$ とすればよい：

$$\lim_{s\to1}\left(\zeta_{\mathbb{Z}}(s)-\frac{1}{s-1}\right)=\gamma,$$

$$\lim_{s\to1}\frac{Z_{\mathbb{G}_m^{n-1}/\mathbb{F}_1}(s-1,n)}{s-1}=\log\zeta_{\mathbb{G}_m^{n-1}/\mathbb{F}_1}(n)$$

より

$$\gamma=\sum_{n=2}^{\infty}\frac{1}{n}\log\zeta_{\mathbb{G}_m^{n-1}/\mathbb{F}_1}(n).$$

なお，

$$\zeta_{\mathbb{Z}}(s)-\frac{1}{s-1}=\int_0^1\left(\frac{1}{1-x}+\frac{1}{\log x}\right)\frac{(\log\frac{1}{x})^{s-1}}{\Gamma(s)}dx$$

もわかるので，$s \to 1$ とすることによって

$$\gamma=\int_0^1\left(\frac{1}{1-x}+\frac{1}{\log x}\right)dx$$

という γ に対するオイラーの積分表示も得ることができる．

5.3　ハッセゼータの変型版

ハッセゼータの簡単な変型版を考えてみよう．ハッセゼータの基本は

$$\zeta_{X/\mathbb{Z}}(s)=\exp\left(\sum_{p:\text{素数}}\sum_{m=1}^{\infty}\frac{|X(\mathbb{F}_{p^m})|}{m}p^{-ms}\right)$$

であった．なお，$X=\mathrm{Spec}(A)$（$A\supset\mathbb{Z}$ は有限生成整域）のときは

$$\zeta_{X/\mathbb{Z}}(s)=\exp\left(\sum_{p:\text{素数}}\sum_{m-1}^{\infty}\frac{|\mathrm{Hom}_{\mathrm{ring}}(A,\mathbb{F}_{p^m})|}{m}p^{-ms}\right)$$

となるので，これを $\zeta_A(s)$ と書き A のハッセゼータと呼ぶ．たとえば：

(1)
$$\zeta_{\mathbb{Z}}(s)=\exp\left(\sum_{p:\text{素数}}\sum_{m=1}^{\infty}\frac{|\mathrm{Hom}_{\mathrm{ring}}(\mathbb{Z},\mathbb{F}_{p^m})|}{m}p^{-ms}\right)$$
$$=\exp\left(\sum_{p:\text{素数}}\sum_{m=1}^{\infty}\frac{1}{m}p^{-ms}\right)$$
$$=\prod_{p:\text{素数}}(1-p^{-s})^{-1}.$$

(2)
$$\zeta_{\mathbb{Z}[T]}(s)=\exp\left(\sum_{p:\text{素数}}\sum_{m=1}^{\infty}\frac{|\mathrm{Hom}_{\mathrm{ring}}(\mathbb{Z}[T],\mathbb{F}_{p^m})|}{m}p^{-ms}\right)$$
$$=\exp\left(\sum_{p:\text{素数}}\sum_{m=1}^{\infty}\frac{p^m}{m}p^{-ms}\right)$$
$$=\prod_{p:\text{素数}}(1-p^{1-s})^{-1}$$
$$=\zeta_{\mathbb{Z}}(s-1).$$

(3)
$$\zeta_{\mathbb{Z}[\sqrt{-1}]}(s)=\exp\left(\sum_{p:\text{素数}}\sum_{m=1}^{\infty}\frac{|\mathrm{Hom}_{\mathrm{ring}}(\mathbb{Z}[\sqrt{-1}],\mathbb{F}_{p^m})|}{m}p^{-ms}\right)$$
$$=\exp\left(\sum_{p:\text{素数}}\sum_{m=1}^{\infty}\frac{a(m,p)}{m}p^{-ms}\right)$$

において

$$a(m,p)=|\{\alpha\in\mathbb{F}_{p^m}\mid \alpha^2=-1\}|$$
$$=\begin{cases}1 & \cdots p=2\\ 2 & \cdots p\equiv 1 \bmod 4\\ 1+(-1)^m & \cdots p\equiv 3 \bmod 4\end{cases}$$

となるので

$$\zeta_{\mathbb{Z}[\sqrt{-1}]}(s)=\zeta_{\mathbb{Z}}(s)L(s),$$
$$L(s)=\prod_{p:\text{奇素数}}(1-(-1)^{\frac{p-1}{2}}p^{-s})^{-1}$$

となる.

変型版として，多項式

$$f(x)=\sum_{k} a(k)x^k \in \mathbb{Z}[x]$$

に対するハッセゼータ類似物

$$\zeta_{f/\mathbb{Z}}(s)=\exp\left(\sum_{p:\text{素数}}\sum_{m=1}^{\infty}\frac{f(p^m)}{m}p^{-ms}\right)$$

を考えてみよう．

練習問題 1　次を示せ：

$$\zeta_{f/\mathbb{Z}}(s)=\prod_{k}\zeta_{\mathbb{Z}}(s-k)^{a(k)}.$$

解答

$$\begin{aligned}\sum_{p:\text{素数}}\sum_{m=1}^{\infty}\frac{f(p^m)}{m}p^{-ms}&=\sum_{p:\text{素数}}\sum_{m=1}^{\infty}\frac{1}{m}\left(\sum_{k}a(k)p^{mk}\right)p^{-ms}\\&=\sum_{k}a(k)\left(\sum_{p:\text{素数}}\sum_{m=1}^{\infty}\frac{1}{m}p^{-m(s-k)}\right)\end{aligned}$$

となるので

$$\begin{aligned}\zeta_{f/\mathbb{Z}}(s)&=\prod_{k}\exp\left(\sum_{p:\text{素数}}\sum_{m=1}^{\infty}\frac{1}{m}p^{-m(s-k)}\right)^{a(k)}\\&=\prod_{k}\zeta_{\mathbb{Z}}(s-k)^{a(k)}.\end{aligned}$$

［**解答終**］

まったく同様に，合同ゼータ類似物は

$$\begin{aligned}\zeta_{f/\mathbb{F}_p}(s)&=\exp\left(\sum_{m=1}^{\infty}\frac{f(p^m)}{m}p^{-ms}\right)\\&=\prod_{k}\zeta_{\mathbb{F}_p}(s-k)^{s(k)}\end{aligned}$$

となるし，絶対ゼータを考えると

$$\zeta_{f/\mathbb{F}_1}(s)=\prod_{k}\zeta_{\mathbb{F}_1}(s-k)^{a(k)}$$

となる．ここで，

$$\zeta_{\mathbb{F}_p}(s)=\frac{1}{1-p^{-s}}$$

および

$$\zeta_{\mathbb{F}_1}(s)=\frac{1}{s}$$

であり，絶対ゼータ $\zeta_{f/\mathbb{F}_1}(s)$ の定義は

$$\zeta_{f/\mathbb{F}_1}(s)=\exp\left(\frac{\partial}{\partial w}Z_{f/\mathbb{F}_1}(w,s)|_{w=0}\right),$$

$$Z_{f/\mathbb{F}_1}(w,s)=\frac{1}{\Gamma(w)}\int_1^\infty f(x)x^{-s-1}(\log x)^{w-1}dx$$

である．実際，この場合には

$$Z_{f/\mathbb{F}_1}(w,s)=\sum_k a(k)(s-k)^{-w}$$

となるので，

$$\begin{aligned}\zeta_{f/\mathbb{F}_1}(s)&=\prod_k(s-k)^{-a(k)}\\&=\prod_k\zeta_{\mathbb{F}_1}(s-k)^{a(k)}\end{aligned}$$

である．

たとえば，

$$f(x)=1+x+\cdots+x^n$$

なら

$$\zeta_{f/\mathbb{Z}}(s)=\zeta_{\mathbb{P}^n/\mathbb{Z}}(s)=\prod_{k=0}^n\zeta_{\mathbb{Z}}(s-k),$$

$$\zeta_{f/\mathbb{F}_p}(s)=\zeta_{\mathbb{P}^n/\mathbb{F}_p}(s)=\prod_{k=0}^n\zeta_{\mathbb{F}_p}(s-k),$$

$$\zeta_{f/\mathbb{F}_1}(s)=\zeta_{\mathbb{P}^n/\mathbb{F}_1}(s)=\prod_{k=0}^n\zeta_{\mathbb{F}_1}(s-k).$$

なお，§5.2 において出てきた絶対ゼータ $\zeta_{\mathbb{G}_m^{n-1}/\mathbb{F}_1}(s)$ および $Z_{\mathbb{G}_m^{n-1}/\mathbb{F}_1}(w,s)$ は

$$f(x)=(x-1)^{n-1}$$

によって

$$\begin{aligned}\zeta_{\mathbb{G}_m^{n-1}/\mathbb{F}_1}(s)&=\zeta_{f/\mathbb{F}_1}(s)\\&=\prod_{k=1}^{n}(s-k+1)^{(-1)^{k-n+1}\binom{n-1}{k-1}}\end{aligned}$$

および

$$\begin{aligned}Z_{\mathbb{G}_m^{n-1}/\mathbb{F}_1}(w,s)&=Z_{f/\mathbb{F}_1}(w,s)\\&=\sum_{k=1}^{n}(-1)^{k-n}\binom{n-1}{k-1}(s-k+1)^{-w}\end{aligned}$$

となる．とくに，

$$\begin{aligned}Z_{G_m^{n-1}/\mathbb{F}_1}(s-1,n)&=\sum_{k=1}^{n}(-1)^{k-n}\binom{n-1}{k-1}(n-k+1)^{1-s}\\&=\sum_{k=1}^{n}(-1)^{k-1}\binom{n-1}{k-1}k^{1-s}\end{aligned}$$

である．ただし，最後の等式においては k を $n+1-k$ におきかえている．

多項式でない $f(x)$ としては，$\omega_1,\cdots,\omega_r>0$ に対する

$$f(x)\in\frac{1}{(1-x^{-\omega_1})\cdots(1-x^{-\omega_x})}\mathbb{Z}[x]$$

を考えることができるが，今は

$$f(x)=\frac{1}{1-x^{-1}}$$

の場合だけ見ておこう．このときは，ハッセゼータ類似物は

$$\zeta_{f/\mathbb{Z}}(s)=\prod_{k=0}^{\infty}\zeta_{\mathbb{Z}}(s+k),$$

合同ゼータ類似物は

$$\zeta_{f/\mathbb{F}_p}(s)=\prod_{k=0}^{\infty}\zeta_{\mathbb{F}_p}(s+k)$$

となって，どちらも $s\in\mathbb{C}$ において有理型関数として解析接続

可能である．さらに，絶対ゼータは

$$\zeta_{f/\mathbb{F}_1}(s) = \frac{\Gamma(s)}{\sqrt{2\pi}}$$

となって，これも $s \in \mathbb{C}$ において有理型関数である．

このように，変型版を考えることは楽しい．

絶対ゼータ

絶対ゼータは一元体 $\mathbb{F}_1$ 上の数学──絶対数学──におけるゼータであって，21 世紀の新数学として研究されてきた．その起源は 2004 年にスーレが $\mathbb{F}_p$ 上の合同ゼータに対して“ $p \to 1$ ”という極限として絶対ゼータを考えたことにあった．コンヌ・コンサニの積分表示 (2010 年)，黒川・落合の正規化 (2013 年) と研究が続いた．

そうこうするうちに，2017 年になって，オイラーが 1774 年〜1776 年に絶対ゼータにあたる計算を行っていることが発見された (黒川)．

ここでは，これらの状況を解説するとともに，ハッセゼータからオイラー積を持ったままの絶対化についても触れる．

6.1　21 世紀の絶対ゼータ

絶対数学は一元体 $\mathbb{F}_1$ 上の数学であり，もともとは合同ゼータに対するリーマン予想の証明の成功 (ドリーニュ，1974 年) に刺激されて発展してきた．つまり，合同ゼータの場合には $\mathbb{F}_p$ という係数体 (底の体) があって，それが重要な役割を果たす．ひるがえって，本来の $\zeta_{\mathbb{Z}}(s)$ に対するリーマン予想では，その係数体にあたるものが見当たらない．それが，160 年間未解決の大きな原因である，と考えたのである．その分析については，リーマン予想 150 周年となる 2009 年に出版された

黒川信重『リーマン予想の150年』岩波書店

において解説しているので読まれたい．また，20世紀における試みについては

Yu.I.Manin“Lectures on zeta functions and motives (according to Deninger and Kurokawa)”［ゼータ関数とモチーフに関する講義（デニンガーと黒川に従って）］Astérisque **228**（1995）121－163

がわかりやすい．これは，絶対数学に関するバイブルと言うべき論文（講義録）であり，とくに，「黒川テンソル積（Kurokawa tensor product）」とマニンが名付けた絶対テンソル積（$\mathbb{F}_1$ 上のテンソル積）の計算について詳しく解説されている．

21世紀における絶対ゼータの研究は

C.Soulé“Les variétés sur le corps à un élément”［一元体上の多様体］Moscow Math.J. **4**（2004）217－244

からはじまった．スーレは $\mathbb{Z}$ 上の代数的集合（スキーム・代数多様体）X に対して絶対ゼータを

$$\zeta_{X/\mathbb{F}_1}(s)=\lim_{p\to 1}\zeta_{X/\mathbb{F}_p}(s)$$

として合同ゼータ

$$\zeta_{X/\mathbb{F}_p}(s)=\exp\left(\sum_{m=1}^{\infty}\frac{|X(\mathbb{F}_{p^m})|}{m}p^{-ms}\right)$$

から導いた．なお，ここでの定式化は

N.Kurokawa “Zeta functions over $\mathbb{F}_1$”［$\mathbb{F}_1$ 上のゼータ関数］Proc.Japan Acad. **81A**（2005）180－184

に従っている．

絶対ゼータの構成法には

A.Connes and C.Consani “Schemes over $\mathbb{F}_1$ and zeta functions”［$\mathbb{F}_1$ 上のスキームとゼータ関数］Compositio Math. **146** (2010) 1383–1415

による積分表示

$$\zeta_{X/\mathbb{F}_1}(s)=\exp\left(\int_1^\infty \frac{|X(\mathbb{F}_x)|}{\log x}x^{-s-1}dx\right)$$

も考えられた．ここで，$\mathbb{F}_x$ は“x 元体”である．コンヌとコンサニはジャクソン積分を通して説明していないのであるが，ここではそれを用いて解説しよう．さらに，簡単のために，多項式 $f_X(x)\in\mathbb{Z}[x]$ があって，すべての素数べき $q=p^m$（p は素数，$m=1,2,3,\cdots$）に対して

$$|X(\mathbb{F}_q)|=f_X(q)$$

が成り立っているものとする．

さて，素数 p に対するジャクソン積分は

$$\int_1^\infty f(x)d_px=\sum_{m=1}^\infty f(p^m)(p^m-p^{m-1})$$

と構成される．

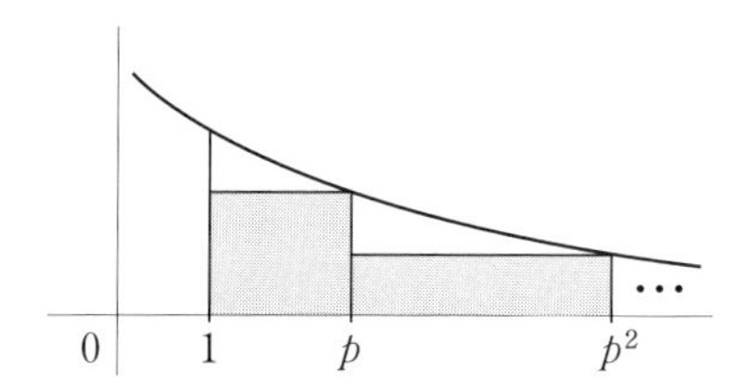

ジャクソン積分は $p\to1$ のときにリーマン積分に

$$\int_1^\infty f(x)d_px \xrightarrow[p\to1]{} \int_1^\infty f(x)dx$$

と収束することが期待される（“良い関数 $f(x)$”に対して）．

一方，

$$\int_1^\infty \frac{f_X(x)}{\log x}x^{-s-1}d_px=\sum_{m=1}^\infty \frac{f_X(p^m)}{\log(p^m)}(p^m)^{-s-1}(p^m-p^{m-1})$$

$$=\frac{1-p^{-1}}{\log p}\sum_{m=1}^\infty \frac{f_X(p^m)}{m}p^{-ms}$$

であるから，

$$\zeta_{X/\mathbb{F}_p}(s)=\exp\left(\sum_{m=1}^{\infty}\frac{f_X(p^m)}{m}p^{-ms}\right)$$
$$=\exp\left(\frac{\log p}{1-p^{-1}}\int_1^{\infty}\frac{f_X(x)}{\log x}x^{-s-1}d_px\right)$$
$$\xrightarrow[p\to 1]{}\exp\left(\int_1^{\infty}\frac{f_X(x)}{\log x}x^{-s-1}dx\right)$$

となるはずであり――

$$\lim_{p\to 1}\frac{\log p}{1-p^{-1}}=1$$

に注意――，これを$\zeta_{X/\mathbb{F}_1}(s)$とすることは妥当であろうということになる．ただし，コンヌ・コンサニの積分は，そのままでは発散（とくに，$x=1$の近くからの影響）してしまうことがあり（あとで例を見る），正規化が待たれていた．それを行ったのが

N.Kurokawa and H.Ochiai “Dualities for absolute zeta functions and multiple gamma functions”［絶対ゼータ関数と多重ガンマ関数の双対性］Proc.Japan Acd. **89A** (2013) 75–79

である．解説としては

黒川信重『現代三角関数論』岩波書店，2013年

の第9章および

黒川信重『絶対ゼータ関数論』岩波書店，2016年

の第4章を読まれたい．

その方法は関数

$$f:\mathbb{R}_{>1}\longrightarrow\mathbb{C}$$

に対して，絶対フルビッツゼータ

$$Z_{f/\mathbb{F}_1}(w,s)=\frac{1}{\Gamma(w)}\int_1^\infty f(x)x^{-s-1}(\log x)^{w-1}dx$$

を導入した上で，絶対ゼータを

$$\zeta_{f/\mathbb{F}_1}(s)=\exp\left(\frac{\partial}{\partial w}Z_{f/\mathbb{F}_1}(w,s)\Big|_{w=0}\right)$$

とする方法である．とくに，

$$Z_{X/\mathbb{F}_1}(w,s)=Z_{f_X/\mathbb{F}_1}(w,s),$$
$$\zeta_{X/\mathbb{F}_1}(s)=\zeta_{f_X/\mathbb{F}_1}(s)$$

と置けばよい．

たとえば，

$$f(x)=f_{\mathbb{G}_m^n}(x)=(x-1)^n \quad (n=1,2,3,\cdots)$$

の場合は，あとで計算するように，三つの方法とも有効であり，同一の結果を与える．そうでない場合としては

$$f(x)=1+x+\cdots+x^n$$

を考えてみよう．これは，n 次元射影空間 $\mathbb{P}^n$ に対して

$$|\mathbb{P}^n(\mathbb{F}_q)|=1+q+\cdots+q^n$$

より

$$f(x)=f_{\mathbb{P}^n}(x)$$

ということになる．このとき，

$$\zeta_{\mathbb{P}^n/\mathbb{F}_p}(s)=\frac{1}{(1-p^{-s})(1-p^{1-s})\cdots(1-p^{n-s})}$$

から $p\to 1$ とすると ∞ に発散し，積分

$$\int_1^\infty \frac{f_{\mathbb{P}^n}(x)}{\log x}x^{-s-1}dx$$

も発散してしまい，困ったことになる．ところが，第三の方法によれば

$$Z_{\mathbb{P}^n/\mathbb{F}_1}(w,s)=s^{-w}+(s-1)^{-w}+\cdots+(s-n)^{-w}$$

から

$$\zeta_{\mathbb{P}^n/\mathbb{F}_1}(s)=\frac{1}{s(s-1)\cdots(s-n)}$$

という正解を得る．実際，

$$Z_{\mathbb{P}^n/\mathbb{F}_1}(w,s)=\frac{1}{\Gamma(w)}\int_1^\infty(1+x+\cdots+x^n)x^{-s-1}(\log x)^{w-1}dx$$

は $x=e^t$ とおくと

$$Z_{\mathbb{P}^n/\mathbb{F}_1}(w,s)=\frac{1}{\Gamma(w)}\int_0^\infty(1+e^t+\cdots+e^{nt})e^{-st}t^{w-1}dt$$

となるので，ガンマ関数の（積分による）定義より

$$Z_{\mathbb{P}^n/\mathbb{F}_1}(w,s)=s^{-w}+(s-1)^{-w}+\cdots+(s-n)^{-w}$$

となって，期待通りの結果を得ることができる．

いろいろな絶対ゼータの計算例については，『絶対ゼータ関数論』および

黒川信重『オイラーとリーマンのゼータ関数』日本評論社，2018年

を見られたい．

なお，

$$f(x)=f_{\mathbb{G}_m^n}(x)=(x-1)^n$$

の場合は6.3節にてオイラーの絶対ゼータ研究との関連も含めて解説する．

☪ 6.2　オイラー：9月のゼータ者

オイラーは第1章（4月）以来2度目の登場であるが，それだけオイラーはゼータに関しては別格であることを意味していると思ってほしい．ちなみに，オイラーの命日は9月18日である（1783年）．

この命日がリーマン予想日と言われてるものになっているのは偶然であろうが興味深い．ただし，M月D日がリーマン予想日とは

$$M/D = 1/2$$

が成立するときであり，リーマン予想に現れる実部

$$1/2 = 0.5$$

を記念している．毎月1回あるので1月2日，2月4日，3月6日，4月8日，…，12月24日と年間12回あり，そのたびごとにリーマン予想を思い返すのにふさわしい．

なお，9月18日を季節の区切りに使うという提言を

黒川信重『オイラー探求』シュプリンガー・ジャパン，2007年；丸善出版，2012年

で行ったのであるが，まだ普及していないようである．それは，365日を五等分して73日（波日）ずつ

春	2月11日 - 4月24日
初夏	4月25日 - 7月 6日
盛夏	7月 7日 - 9月17日
秋	9月18日 - 11月29日
冬	11月30日 - 2月10日

とするものである．ここで，9月17日はリーマンの誕生日である（1826年）ことに注意しておこう．地球温暖化と言われて久しいが，この長めの夏（初夏＋盛夏）は現状に合っているであろう．

ところで，第1章に述べた通り，通常のゼータに関して，オイラーは独力でほとんどの基本的性質を発見してしまったのであった．それだけでも驚きであるが，今回付け加えたいことは，オイラーは絶対ゼータの研究も行っていたことである．これは，

黒川信重『オイラーのゼータ関数論』現代数学社，2018年

において詳しく解説したところである．なお，同書は『現代数学』2017年4月号 - 2018年3月号の連載の単行本版であり，オイラーの絶対ゼータ研究について発見者による最初の報告となっている．

オイラーの絶対ゼータへの入門として，オイラーの練習問題をやっておこう．

練習問題1　次の等式を示せ：

$$\int_0^1 \frac{x-1}{\log x}\,dx = \log 2.$$

解答1

$$x-1 = e^{\log x}-1 = \sum_{n=1}^{\infty} \frac{(\log x)^n}{n!}$$

を用いて

$$\begin{aligned}\int_0^1 \frac{x-1}{\log x}\,dx &= \int_0^1 \left(\sum_{n=1}^{\infty} \frac{(\log x)^{n-1}}{n!}\right)dx \\ &= \sum_{n=1}^{\infty} \frac{1}{n!}\int_0^1 (\log x)^{n-1}dx \\ &= \sum_{n=1}^{\infty} \frac{1}{n!}(-1)^{n-1}(n-1)! \\ &= \sum_{n=1}^{\infty} \frac{(-1)^{n-1}}{n} \\ &= \log 2\end{aligned}$$

となる．ただし，

$$\int_0^1 (\log x)^{n-1}dx = (-1)^{n-1}(n-1)!$$

は，$x=e^{-t}$ とおいた後にガンマ関数表示を用いて

$$\begin{aligned}\int_0^1 (\log x)^{n-1}dx &= (-1)^{n-1}\int_0^{\infty} t^{n-1}e^{-t}\,dt \\ &= (-1)^{n-1}\Gamma(n) \\ &= (-1)^{n-1}(n-1)!\end{aligned}$$

と示される．　　　　［**解答1終**］

解答 2

$$\log x = \lim_{n\to\infty} \frac{x^{\frac{1}{n}}-1}{\frac{1}{n}} = \lim_{n\to\infty} n(x^{\frac{1}{n}}-1)$$

であるから

$$\int_0^1 \frac{x-1}{\log x}\,dx = \lim_{n\to\infty} \int_0^1 \frac{x-1}{n(x^{\frac{1}{n}}-1)}\,dx$$

となる．ここで，$x=u^n$ とおくと

$$\begin{aligned}
\int_0^1 \frac{x-1}{n(x^{\frac{1}{n}}-1)}\,dx &= \int_0^1 \frac{u^n-1}{u-1}\,u^{n-1}\,du \\
&= \int_0^1 (u^{n-1}+u^n+\cdots+u^{2n-2})\,du \\
&= \left[\frac{u^n}{n}+\frac{u^{n+1}}{n+1}+\cdots+\frac{u^{2n-1}}{2n-1}\right]_0^1 \\
&= \frac{1}{n}+\frac{1}{n+1}+\cdots+\frac{1}{2n-1} \\
&= \sum_{k=0}^{n-1} \frac{1}{n+k}
\end{aligned}$$

となるので，

$$\begin{aligned}
\int_0^1 \frac{x-1}{\log x}\,dx &= \lim_{n\to\infty} \sum_{k=0}^{n-1} \frac{1}{n+k} \\
&= \lim_{n\to\infty} \frac{1}{n}\sum_{k=0}^{n-1} \frac{1}{1+\frac{k}{n}} \\
&= \int_0^1 \frac{dt}{1+t} = \log 2.
\end{aligned}$$

［**解答 2 終**］

6.3　オイラーの絶対ゼータ研究

オイラーの絶対ゼータ研究 (1774-1776) に入る準備として，21 世紀の絶対ゼータの話から $n \geqq 1$ に対して

$$\zeta_{\mathbb{G}_m^n/\mathbb{F}_1}(s) = \prod_{k=0}^{n} (s-k)^{(-1)^{n-k+1}\binom{n}{k}}$$

となることを確認しておこう．ただし，$\mathbb{G}_m = \mathrm{GL}(1)$ は乗法群である．

そのために合同ゼータを求めると，

$$\begin{aligned}
\zeta_{\mathbb{G}_m^n/\mathbb{F}_p}(s) &= \exp\left(\sum_{m=1}^{\infty} \frac{|\mathbb{G}_m^n(\mathbb{F}_{p^m})|}{m} p^{-ms}\right) \\
&= \exp\left(\sum_{m=1}^{\infty} \frac{(p^m-1)^n}{m} p^{-ms}\right) \\
&= \exp\left(\sum_{m=1}^{\infty} \frac{1}{m}\left(\sum_{k=0}^{n}(-1)^{n-k}\binom{n}{k}p^{mk}\right)p^{-ms}\right) \\
&= \exp\left(\sum_{k=0}^{n}(-1)^{n-k}\binom{n}{k}\left(\sum_{m=1}^{\infty}\frac{1}{m}p^{-m(s-k)}\right)\right) \\
&= \exp\left(\sum_{k=0}^{n}(-1)^{n-k+1}\binom{n}{k}\log(1-p^{-(s-k)})\right) \\
&= \prod_{k=0}^{n}(1-p^{-(s-k)})^{(-1)^{n-k+1}\binom{n}{k}}
\end{aligned}$$

となる（はじめは $\mathrm{Re}(s) > n$ としておく）．そこで

$$\sum_{k=0}^{n}(-1)^{n-k+1}\binom{n}{k} = 0$$

に注意すると

$$\zeta_{\mathbb{G}_m^n/\mathbb{F}_p}(s) = \prod_{k=0}^{n}\left(\frac{1-p^{-(s-k)}}{1-p^{-1}}\right)^{(-1)^{n-k+1}\binom{n}{k}}$$

となるが，$0 < q < 1$ に対する q 類似の記号

$$[x]_q = \frac{1-q^x}{1-q}$$

を導入して，

$$\zeta_{\mathbb{G}_m^n/\mathbb{F}_p}(s) = \prod_{k=0}^{n}[s-k]_{p^{-1}}^{(-1)^{n-k+1}\binom{n}{k}}$$

と書くことができる．

すると，$\lim_{q\to 1}[x]_q = x$ に注意することによって

$$\begin{aligned}\zeta_{\mathbb{G}_m^n/\mathbb{F}_1}(s) &= \lim_{p\to 1} \zeta_{\mathbb{G}_m^n/\mathbb{F}_p}(s) \\ &= \lim_{p\to 1} \prod_{k=0}^{n} [s-k]_{p^{-1}}^{(-1)^{n-k+1}\binom{n}{k}} \\ &= \prod_{k=0}^{n} (s-k)^{(-1)^{n-k+1}\binom{n}{k}}\end{aligned}$$

を得る．これがスーレ方式 (2004 年) の答えである．

次に，コンヌ・コンサニ方式 (2010 年) なら

$$\zeta_{\mathbb{G}_m^n/\mathbb{F}_1}(s) = \exp\left(\int_1^{\infty} \frac{(x-1)^n}{\log x} x^{-s-1} dx\right)$$

であるが，x を $1/x$ におきかえると

$$\begin{aligned}\zeta_{\mathbb{G}_m^n/\mathbb{F}_1}(s) &= \exp\left(\int_0^{1} \frac{(\frac{1}{x}-1)^n}{\log \frac{1}{x}} x^{s-1} dx\right) \\ &= \exp\left((-1)^{n-1}\int_0^{1} \frac{(x-1)^n}{\log x} x^{s-n-1} dx\right)\end{aligned}$$

となる．実は，この積分を計算して

$$\zeta_{\mathbb{G}_m^n/\mathbb{F}_1}(s) = \prod_{k=0}^{n} (s-k)^{(-1)^{n-k+1}\binom{n}{k}}$$

となることを示したのはオイラー (1774 年) であるので，それはあとで説明する (コンヌとコンサニは，そのことを知らなかった)：練習問題は $n=1$，$s=2$ の場合

さらに，黒川・落合方式 (2013 年) によると，

$$\begin{aligned}Z_{\mathbb{G}_m^n/\mathbb{F}_1}(w,s) &= \frac{1}{\Gamma(w)} \int_1^{\infty} (x-1)^n x^{-s-1} (\log x)^{w-1} dx \\ &= \sum_{k=0}^{n} (-1)^{n-k} \binom{n}{k} \frac{1}{\Gamma(w)} \int_1^{\infty} x^{-(s-k)-1} (\log x)^{w-1} dx \\ &= \sum_{k=0}^{n} (-1)^{n-k} \binom{n}{k} (s-k)^{-w}\end{aligned}$$

より

$$\zeta_{\mathbb{G}_m^n/\mathbb{F}_1}(s)=\exp\left(\frac{\partial}{\partial w}Z_{\mathbb{G}_m^n/\mathbb{F}_1}(w,s)\Big|_{w=0}\right)$$
$$=\prod_{k=0}^{n}(s-k)^{(-1)^{n-k+1}\binom{n}{k}}$$

となる．三方式とも同じ答えを与えている．

さて，オイラーの絶対ゼータ研究について説明しよう．結論から言えば，オイラーは $f(1)=0$ をみたすいろいろな関数（基本的には有理関数）$f(x)$ に対してゼータ

$$\zeta_f^{\mathrm{Euler}}(s)=\exp\left(\int_0^1\frac{f(x)}{\log x}x^{s-1}dx\right)$$

を計算していたと見るのがわかりやすい．21 世紀の絶対ゼータとの関係は

$$\zeta_f^{\mathrm{Euler}}(s)=\zeta_{f^*/\mathbb{F}_1}(s)^{-1}$$

である．ここで，

$$f^*(x)=f\left(\frac{1}{x}\right)$$

と定める．関係を見るのは簡単である．積分において x を $1/x$ でおきかえることにより

$$\int_0^1\frac{f(x)}{\log x}x^{s-1}dx=\int_1^\infty\frac{f^*(x)}{\log\frac{1}{x}}x^{-s-1}dx$$
$$=-\int_1^\infty\frac{f^*(x)}{\log x}x^{-s-1}dx$$

となるので，等式

$$\zeta_f^{\mathrm{Euler}}(s)=\zeta_{f^*/\mathbb{F}_1}(s)^{-1}$$

が成立することがわかる．

定積分版でオイラーの計算を 3 つ挙げておこう．そのために，オイラーの考えた定積分を

$$S_f(s)=\int_0^1\frac{f(x)}{\log x}x^{s-1}dx$$

と書くことにする（この S の使用はオイラーにならっている）．

(1) 多項式

$$f(x)=\sum_k a(k)x^k \in \mathbb{Z}[x]$$

が $f(1)=0$ をみたしているとき

$$S_f(s)=\sum_k a(k)\log(s+k).$$

(2) $f(x)=(x-1)^n$ （$n \geqq 1$ は整数）のとき

$$S_f(s)=\sum_{k=0}^{n}(-1)^{n-k}\binom{n}{k}\log(s+k).$$

(3) $f(x)=\dfrac{(1-x^a)(1-x^b)}{1-x^n}$ （$a, b, n \geqq 1$ は整数）

のとき

$$S_f(s)=\log\left(\frac{\Gamma(\frac{s+a}{n})\Gamma(\frac{s+b}{n})}{\Gamma(\frac{s}{n})\Gamma(\frac{s+a+b}{n})}\right).$$

オイラーの基本的な計算方針は，まず微分

$$S'_f(s)=\frac{d}{ds}S_f(s)=\int_0^1 f(x)x^{s-1}dx$$

を計算してから，$S_f(+\infty)=0$ の条件（これは $0<x<1$ のとき $\lim_{s\to+\infty} x^s=0$ より妥当）下で，$S'_f(s)$ を積分することによって $S_f(s)$ を再現する，というものである．

たとえば, (1) の場合では

$$S_f(s)=\int_0^1 \frac{\sum_k a(k)x^k}{\log x}\, x^{s-1}dx$$

を求めるために $S'_f(s)$ を計算すると

$$S'_f(s)=\int_0^1\left(\sum_k a(k)x^k\right)x^{s-1}dx$$
$$=\sum_k a(k)\int_0^1 x^{s+k-1}dx$$
$$=\sum_k \frac{a(k)}{s+k}$$

となるので，積分して

$$S_f(s)=\sum_k a(k)\log(s+k)+C$$

となる（C は積分定数）．ここで，条件

$$f(1)=\sum_k a(k)=0$$

を用いると

$$S_f(s)=\sum_k a(k)(\log(s+k)-\log s)+C$$
$$=\sum_k a(k)\log\left(1+\frac{k}{s}\right)+C$$

であるから，$s\to+\infty$ として $S_f(+\infty)=C$ より $C=0$ とわかり

$$S_f(s)=\sum_k a(k)\log(s+k)=\log\left(\prod_k (s+k)^{a(k)}\right)$$

となる．(2) は (1) の特別の場合である．(3) の計算はやや複雑であるが

黒川信重『オイラーとリーマンのゼータ関数』日本評論社，2018 年

の第 3 章 3.4 節「円分絶対ゼータ関数」(p. 69–p. 73) において詳しい計算が解説してあるので参照されたい．

オイラーの絶対ゼータ研究が 21 世紀の絶対ゼータ研究より進んでいるところは，オイラー定数の表示

$$\gamma=\sum_{n=2}^{\infty}\frac{1}{n}\log\left(\prod_{k=1}^{n}k^{(-1)^k\binom{n-1}{k-1}}\right)$$

に見ることができる（1776 年 2 月 29 日付論文 E629；オイラー 68 歳）．これは，

$$\prod_{k=1}^{n}k^{(-1)^k\binom{n-1}{k-1}}=\zeta_{\mathbb{G}_m^{n-1}/\mathbb{F}_1}(n)>1$$

より

$$\gamma=\sum_{n=2}^{\infty}\frac{1}{n}\log\zeta_{\mathbb{G}_m^{n-1}/\mathbb{F}_1}(n)$$

を言っているのであるが，正しく認識されたのは，黒川が 2017 年に指摘したときであった．オイラーが 1776 年に書いてから 241 年経っていた．

この表示は，オイラー自身が 42 年前（1734 年 3 月 11 付論文 E43；26 歳）に発見していた表示

$$\gamma=\sum_{n=2}^{\infty}\frac{(-1)^n}{n}\zeta_{\mathbb{Z}}(n)$$

の絶対ゼータ類似と言える（同上書，第 3 章 3.3 節「オイラー定数の絶対ゼータ関数表示」）．同書には，新表示（p. 68）

$$\gamma=-1+2\sum_{n=2}^{\infty}\frac{H_n}{n+1}\log\zeta_{\mathbb{G}_m^{n-1}/\mathbb{F}_1}(n),\quad H_n=\sum_{k=1}^{n}\frac{1}{k}$$

およびその一般化（p. 123）も証明されている．

6.4　ハッセゼータの絶対化

ハッセゼータとは，$\mathbb{Z}$ 上の代数的集合 X のゼータ

$$\zeta_{X/\mathbb{Z}}(s)=\exp\left(\sum_{p:\text{素数}}\sum_{m=1}^{\infty}\frac{|X(\mathbb{F}_{p^m})|}{m}p^{-ms}\right)$$

であった．絶対ゼータ $\zeta_{X/\mathbb{F}_1}(s)$ はハッセゼータの $\mathbb{F}_1$ 上の類似物の一つと見ることができる．ここでは，別のものを考えよう．

簡単に記述するために，有限体全体を $\mathcal{F}$ と書く：

$$
\begin{aligned}
\mathcal{F} &= \{F \mid F \text{は有限体}\} \\
&= \{\mathbb{F}_{p^m} \mid p \text{は素数}, \ m = 1, 2, 3, \cdots\} \\
&= \bigsqcup_{p:\text{素数}} \mathcal{F}_p, \\
\mathcal{F}_p &= \{\mathbb{F}_{p^m} \mid m = 1, 2, 3, \cdots\}
\end{aligned}
$$

であり，$m(\mathbb{F}_{p^m}) = m$ とおく．すると，ハッセゼータは

$$\zeta_{X/\mathbb{Z}}(s) = \exp\left(\sum_{F \in \mathcal{F}} \frac{|X(F)|}{m(F)} |F|^{-s}\right)$$

であるし，合同ゼータは

$$\zeta_{X/\mathbb{F}_p}(s) = \exp\left(\sum_{F \in \mathcal{F}_p} \frac{|X(F)|}{m(F)} |F|^{-s}\right)$$

となる．

したがって，一般に $\mathcal{F}$ 上の関数 f に対して，一般化されたハッセゼータ

$$\zeta_f(s) = \exp\left(\sum_{F \in \mathcal{F}} \frac{f(F)}{m(F)} |F|^{-s}\right)$$

に興味が持たれる．これはオイラー積表示

$$\zeta_f(s) = \prod_{p:\text{素数}} \zeta_{f/\mathbb{F}_p}(s)$$

を持っている．ただし，

$$\zeta_{f/\mathbb{F}_p}(s) = \exp\left(\sum_{F \in \mathcal{F}_p} \frac{f(F)}{m(F)} |F|^{-s}\right)$$

である（合同ゼータの一般化）．

話を具体的にするために，$\mathbb{Z}$－代数（環）A のハッセゼータ

$$\zeta_A^{\mathbb{Z}}(s) = \exp\left(\sum_{F \in F} \frac{|\mathrm{Hom}_{\mathbb{Z}\text{-alg}}(A, F)|}{m(F)} |F|^{-s}\right)$$

に対比して（「A が $\mathbb{Z}$ 上有限生成のときには，$\zeta_A^{\mathbb{Z}}(s)$ はすべての複素数 s へと有理型関数として解析接続可能であり，関数等式を持つ」というのが80年間未解決のハッセ予想という大問題

である)，$\mathbb{F}_1$－代数（モノイド）A の絶対ハッセゼータ

$$\zeta_A^{\mathbb{F}_1}(s) = \exp\left(\sum_{F \in F} \frac{|\mathrm{Hom}_{\mathbb{F}_1\text{-alg}}(A, F)|}{m(F)} |F|^{-s}\right)$$
$$= \zeta_f(s)$$

を考えてみよう．ただし，

$$f(F) = |\mathrm{Hom}_{\mathbb{F}_1\text{-alg}}(A, F)|.$$

すると，次の定理が得られる．

定理

A が有限生成群なら $\zeta_A^{\mathbb{F}_1}(s)$ はすべての複素数 s へと有理型関数として解析接続可能であり，関数等式を持つ．

一番簡単な場合は，自明群 $A = \{1\}$ のときであり

$$\zeta_A^{\mathbb{F}_1}(s) = \zeta_{\mathbb{Z}}(s) = \prod_{p:\text{素数}} (1 - p^{-s})^{-1}$$

となる．絶対化にも，いろいろな段階があって面白い．

第7章 ラングランズ予想

これまでに，ゼータを一通り見てきたので，これからはゼータの問題点や相互関連などを調べて行こう．本章ではラングランズ予想（1970年）を報告する．予想が提出されてからちょうど半世紀になる．その一部を証明することによってフェルマー予想の証明（ワイルズ，テイラー，1995年）や佐藤テイト予想の証明（テイラーたち，2011年）が得られる，という影響力の大きな予想である．基本的には保型表現のゼータによってガロア表現のゼータ（たとえば，ハッセゼータ）を解釈するというものであり，類体論（高木貞治，1920年）を含む．保型表現間の対応（関手性）もラングランズ予想の重要な部分である．

成功例だけを見ると，バラ色の未来に見えるが，これまでの数論幾何的手法では扱えないこと（非代数的保型形式関係など）が多く，ラングランズ予想を一般的に証明する展望はない．

7.1 ラングランズ予想

ラングランズ予想は1970年に公表された：

R.P.Langlands "Problems in the theory of automorphic forms" Springer Lecture Notes in Math.**170** (1970) 18–61.

タイトルからわかる通り，基本的には保型形式の問題を取り扱っているが，保型表現の問題として定式化している．保型表現相互の関連とともに，類体論を拡張した予想が与えられてい

る．それは，代数体 K（有理数体 $\mathbb{Q}$ の有限次拡大体）に対して

$$\{\mathrm{Gal}(\overline{K}/K)\text{の}\,n\,\text{次元表現}\}$$

$$\overset{1:1}{\longleftrightarrow}\left\{\begin{matrix}\mathrm{GL}(n,\mathbb{A}_K)\text{の保型表現のうちの}\\ \text{一部（“代数的”なもの）}\end{matrix}\right\}$$

という，ゼータを保存する対応の予想であり，$n=1$ のときが類体論の再現（双対版）となる．

ゼータを保存するとは，ガロア表現

$$\rho:\mathrm{Gal}(\overline{K}/K)\longrightarrow\mathrm{GL}(n,\mathbb{C})\ \text{あるいは}\ \mathrm{GL}(n,\overline{\mathbb{Q}}_\ell)$$

に対するゼータ（$\mathrm{Gal}(\overline{K}/K)$ は K と代数閉包 $\overline{K}$ との間のガロア群）

$$L_K(s,\rho)=\prod_{\substack{P\subset\mathcal{O}_K\\ \text{極大イデアル}}}\det(1-N(P)^{-s}\rho(\mathrm{Frob}_P))^{-1}$$

と保型表現

$$\pi:\mathrm{GL}(n,\mathbb{A}_K)\longrightarrow\mathrm{Aut}(H_\pi),$$
$$H_\pi\subset L^2(\mathrm{GL}(n,K)\backslash\mathrm{GL}(n,\mathbb{A}_K))$$

に対するゼータ（$\mathbb{A}_K$ は K のアデール環）

$$L_K(s,\pi)=\prod_{\substack{P\subset\mathcal{O}_K\\ \text{極大イデアル}}}\det(1-N(P)^{-s}M_\pi(P))^{-1}$$

が一致する対応のことである：

$$L_K(s,\rho)=L_K(s,\pi).$$

ただし，$\mathcal{O}_K$ は K の整数環であり，$M_\pi(P)\in\mathrm{GL}(n,\mathbb{C})$ は佐武パラメータである．

この対応の $n=1$ の場合は類体論（高木貞治，1920年）として証明されている．$n\geqq 2$ の場合には証明が完成している n は無い．

ラングランズ対応の $n=1$ の場合をもう少し補足すると，この場合の対応とは

$$\{\rho : \mathrm{Gal}(\overline{K}/K) \longrightarrow \mathrm{GL}(1, \mathbb{C})\}$$
$$\longrightarrow \{\pi : \mathrm{GL}(1, K)\backslash \mathrm{GL}(1, \mathbb{A}_K) \longrightarrow \mathbb{C}\}$$

というものであるが，類体論の基本定理

$$\mathrm{Gal}(\overline{K}/K)^{ab} = \mathrm{Gal}(K^{ab}/K)$$
$$\cong (\mathrm{GL}(1, K)\backslash \mathrm{GL}(1, \mathbb{A}_K))/(\text{単位元の連結成分})$$

を通して

$$\pi : \mathrm{GL}(1, K)\backslash \mathrm{GL}(1, \mathbb{A}_K) \xrightarrow{\text{全射}} \mathrm{Gal}(\overline{K}/K)^{ab} \xrightarrow{\rho} \mathrm{GL}(1, \mathbb{C})$$

と構成される．ただし，K^{ab} は K の最大アーベル拡大体であり，G^{ab} は群 G（位相群）の最大アーベル剰余群 $G^{ab} = G/\overline{[G, G]}$ である．

一方，$n \geqq 2$ のときは，「類体論に帰着させること」や「ガロア表現から直接に保型表現を構成すること」は一般に出来ないので，今のところやれることは，「（代数的）保型表現からたくさんのガロア表現を構成すること」であり，「そのようなガロア表現を増やすことによって望みのガロア表現が上手く（運良く）得られることを期待すること」である．

7.2　楕円曲線からフェルマー予想へ

ラングランズ予想の $n=2$ のときのわかりやすい例はアイヒラー（1954 年）のものであり，ガロア表現側は楕円曲線

$$E : y^2 - y = x^3 - x^2$$

（および付随するガロア表現）であり，そのゼータは

$$L(s, E) = (1 - a(11)11^{-s})^{-1} \times \prod_{\substack{p \neq 11 \\ \text{素数}}} (1 - a(p)p^{-s} + p^{1-2s})^{-1}$$

である．ここで，

$$a(p) = p + 1 - |E(\mathbb{F}_p)| = p - [y^2 - y \equiv x^3 - x^2 \bmod p \text{ の解の個数}]$$

である．なお，$E(\mathbb{F}_p)$ では (∞,∞) の有理点が数えられているため1個増えている．また，$a(11)=1$ である．

一方の保型表現側のゼータは

$$L(s,F)=(1-b(11)11^{-s})^{-1}\times\prod_{\substack{p\neq 11\\ \text{素数}}}(1-b(p)p^{-s}+p^{1-2s})^{-1}$$

であり，F とは

$$\begin{aligned}F(z)&=q\prod_{n=1}^{\infty}(1-q^n)^2(1-q^{11n})^2\\&=\sum_{n=1}^{\infty}b(n)q^n\end{aligned}$$

と定まる保型形式（および付随する保型表現）である．これは，群 $\Gamma_0(11)$ に対する重さ2の保型形式（カスプ形式）となっている．ここで，$\mathrm{Im}(z)>0$, $q=e^{2\pi iz}$ である．ただし，一般の自然数 N に対して

$$\Gamma_0(N)=\left\{\begin{pmatrix}a & b\\ c & d\end{pmatrix}\in \mathrm{SL}(2,\mathbb{Z})\;\middle|\; c\equiv 0 \bmod N\right\}\subset \mathrm{SL}(2,\mathbb{Z})$$

であり，$F(z)$ の保型性とは

$$F\left(\frac{az+b}{cz+d}\right)=(cz+d)^2F(z)$$

が，すべての $\begin{pmatrix}a & b\\ c & d\end{pmatrix}\in\Gamma_0(11)$ に対して成立するということである．

この状況下でアイヒラーは等式

$$L(s,E)=L(s,F)$$

を証明した．この等式は，すべての素数 p に対して

$$a(p)=b(p)$$

が成り立つことと同値である．読者はいくつかの p に対して確かめられたい．

このアイヒラーの結果は，谷山予想（1955年）およびラングランズ予想（1970年）の書きやすい例となっている．

ワイルズとテイラー (テイラーはワイルズの元学生) は 1995 年に，$\mathbb{Q}$ 上の楕円曲線 E ── そのときは「導手 N が平方因子を含まない」という条件の下であったが，2001 年にテイラーたち 4 人組がその条件をはずした── に対して，$\Gamma_0(N)$ の重さ 2 の (正則) 保型形式 F が存在して

$$L(s, E) = L(s, F)$$

をみたす，ということを証明した．その結果フェルマー予想が解決したのである．簡単にあらすじを追ってみよう．そのためには，背理法を使う．いま，

$$a^p + b^p = c^p$$

をみたす素数 $p \geqq 3$ と自然数 a, b, c (互いに素としてよい) があったとしよう．このとき楕円曲線

$$E : y^2 = x(x - a^p)(x + b^p)$$

を考える (このアイディアは 1986 年にドイツのフライがまとめた) のが鍵である．

すると，等式

$$L(s, E) = L(s, F)$$

をみたす重さ 2 の保型形式 (カスプ形式) F が存在することになる (ワイルズ－テイラー) が，F のレベル N が $N = 2$ に落とせること (これはゼータの関数等式の話と同じことである) がわかる．ところが，$\Gamma_0(2)$ で重さ 2 の保型形式 (カスプ形式) は存在しない (恒等的に 0 になるものを除けば) ことから矛盾が生じて，フェルマー予想の証明が終る．

フェルマー予想は 1637 年頃に提出されたのであるが，1985 年までの 350 年近くの間の種々の証明方針は成功せず (もちろん研究自体は無駄ではなかったものの)，結局は 1986 年にフライがまとめた楕円曲線を使うアイディアによって 1995 年に証明が完了して論文が出版されたのであった．

さて，これは $\mathbb{Q}$ 上の楕円曲線 (種数 1 の代数曲線) の場合で

あったから，拡張するには

(a) 代数体 K 上の楕円曲線

(b) $\mathbb{Q}$ 上の種数2の代数曲線

などを考えることになる．どちらも困難であり，進展は遅い．(a) については2015年になって，実2次体 $K=\mathbb{Q}(\sqrt{d})$ ($d>0$ は平方数でない整数) の場合が証明された：

N.Freitas, B.V.Le Hung and S.Siksek "Elliptic curves over real quadratic fields are modular"［実2次体上の楕円曲線はモジュラー］Inventiones Math. **201** (2015) 159–206.

このときは，$K=\mathbb{Q}(\sqrt{d})$ 上の楕円曲線 E に対して

$$L(s,E)=L(s,F)$$

となるヒルベルト保型形式 F（ヒルベルトモジュラー群 $\mathrm{SL}(2,\mathcal{O}_K)$ の部分群に関する保型性を持つ複素2変数関数）が存在する，というのが「E はモジュラー」の意味である．

7.3　佐藤テイト予想の証明

ラマヌジャンの保型形式として有名な

$$\Delta(z)=q\prod_{n=1}^{\infty}(1-q^n)^{24}=\sum_{n=1}^{\infty}\tau(n)q^n$$

の佐藤テイト予想（佐藤幹夫が1963年5月に定式化して，1964年にテイトがゼータによる解釈を提出した）の証明のあらすじ——これもラングランズ予想の良い応用である——を見ておこう．表現論的な背景については

黒川信重『ガロア理論と表現論：ゼータ関数への出発』日本評論社，2014年

の第5章（とくに p. 147－p. 155）を読まれたい．

まず，ドリーニュ（1974年）が証明したラマヌジャン予想により，各素数 p に対して

$$\tau(p)=2p^{\frac{11}{2}}\cos(\theta(p))$$

となる $0\leqq\theta(p)\leqq\pi$ が確定する．佐藤テイト予想とは次の素数定理のことである：

各 $0\leqq\alpha<\beta\leqq\pi$ に対して，$x\to\infty$ のとき

$$|\{p\leqq x\,|\,\theta(p)\in[\alpha,\beta]\}|\sim\left(\int_{[\alpha,\beta]}\frac{2}{\pi}\sin^2(\theta)d\theta\right)\frac{x}{\log x}.$$

この場合に必要なゼータは，$m=0,1,2,\cdots$ に対する

$$L(s,\Delta,\mathrm{Sym}^m)$$
$$=\prod_{p:\text{素数}}((1-e^{im\theta(p)}p^{-s})(1-e^{i(m-2)\theta(p)}p^{-s})\cdots(1-e^{-im\theta(p)}p^{-s}))^{-1}$$

である．ここで，

$$\mathrm{Sym}^m:SU(2)\longrightarrow SU(m+1)$$

は $SU(2)$ の $m+1$ 次元既約表現であり

$$L(s,\Delta,\mathrm{Sym}^m)=\prod_{p:\text{素数}}\det(1-\mathrm{Sym}^m(M_\Delta(p))p^{-s})^{-1}$$

である．ただし，

$$M_\Delta(p)=\left[\begin{pmatrix}e^{i\theta(p)} & 0\\ 0 & e^{-i\theta(p)}\end{pmatrix}\right]\in\mathrm{Conj}(SU(2))$$

は $SU(2)$ の共役類であり，Δ の（p における）佐武パラメーターと呼ばれる：

$$\mathrm{Sym}^m\begin{pmatrix}e^{i\theta(p)} & 0\\ 0 & e^{-i\theta(p)}\end{pmatrix}=\begin{pmatrix}e^{im\theta(p)} & & 0\\ & e^{i(m-2)\theta(p)} & \\ 0 & \ddots & e^{-im\theta(p)}\end{pmatrix}.$$

佐藤テイト予想は，

$$\begin{array}{ccc} \mathrm{Conj}(SU(2)) & \overset{1:1}{\longleftrightarrow} & [0,\pi] \\ \Cup & & \Cup \\ \left[\begin{pmatrix} e^{i\theta} & 0 \\ 0 & e^{-i\theta} \end{pmatrix}\right] & \longleftrightarrow & \theta \end{array}$$

$$\text{正規ハール測度からの誘導測度} \longleftrightarrow \frac{2}{\pi}\sin^2(\theta)d\theta$$

という解釈（$\mathrm{Conj}(SU(2))$ は $SU(2)$ を内部自己同型群の作用で割ったもの）を通すと

> 各 $C \subset \mathrm{Conj}(SU(2))$ $(\mathrm{vol}(C) > 0)$ に対して
>
> $$|\{p \leqq x \mid M_\Delta(p) \in C\}| \sim \mathrm{vol}(C)\frac{x}{\log x} \quad (x \to \infty)$$

の形に簡単に言える．それを証明するには，

(A)　$\rho = \mathrm{Sym}^0 = \mathbb{1}$ のときは，$L(s,\Delta,\rho) = \zeta_{\mathbb{Z}}(s)$ は $\mathrm{Re}(s) = 1$ 上で $s = 1$ における１位の極を除いて正則であり，零点をもたない

(B)　$\rho = \mathrm{Sym}^m \neq \mathbb{1}$ $(m \geqq 1)$ のときは，$L(s,\Delta,\mathrm{Sym}^m)$ は $\mathrm{Re}(s) = 1$ 上で正則であり，零点をもたない

ということを示せば良いことになる（同上書）．

このうち（A）は通常の素数定理

$$\pi(x) \sim \frac{x}{\log x} \quad (x \to \infty)$$

のときに必要だった事実であり，ド・ラ・ヴァレ・プーサンとアダマールによって独立に 1896 年に証明されている．したがって,（B）が問題になる．$m = 1,2$ なら，わかりやすい表示

$$L(s, \Delta, \mathrm{Sym}^1) = \sum_{n=1}^{\infty} \tau(n) n^{-s-\frac{11}{2}},$$
$$L(s, \Delta, \mathrm{Sym}^2) = \left(\sum_{n=1}^{\infty} \tau(n)^2 n^{-s-11}\right) \frac{\zeta_{\mathbb{Z}}(2s)}{\zeta_{\mathbb{Z}}(s)}$$
$$= \left(\sum_{n=1}^{\infty} \tau(n^2) n^{-s-11}\right) \zeta_{\mathbb{Z}}(2s)$$

を用いて解析接続することによって直接に確認することができる（$m=1$ のときはウィルトン，$m=2$ のときはランキン，セルバーグ，志村五郎）．ただし，この直接法は少なくとも $m>10$ では非常に困難であり出来る見込みはない．テイラーたちは別の方法を用いる．その証明は，基本的に

$$L(s, \Delta, \mathrm{Sym}^m) = L(s, \pi_m)$$

という $\mathrm{GL}(m+1, \mathbb{A}_{\mathbb{Q}})$ の保型表現 π_m が存在することを示すという方針である（実際は，$\mathbb{Q}$ からある代数体へと係数拡大を必要としている：「潜モジュラー性 (potential modularity)」と呼ばれる）．

そのために，テイラーたちは Δ に対応するガロア表現

$$\rho : \mathrm{Gal}(\overline{\mathbb{Q}}/\mathbb{Q}) \longrightarrow \mathrm{GL}(2)$$

を活用する（このガロア表現構成のアイディアは佐藤幹夫により 1962 年に提出され，ドリーニュにより 1969 年に確定して，1974 年のラマヌジャン予想の証明に使われた）．これから

$$\rho_m = \mathrm{Sym}^m \circ \rho : \mathrm{Gal}(\overline{\mathbb{Q}}/\mathbb{Q}) \longrightarrow \mathrm{GL}(m+1)$$

を作ることができるので，π_m とはラングランズ予想によって ρ_m に対応する $\mathrm{GL}(m+1)$ の保型表現と考えれば良いことになる．つまり，ラングランズ予想を $\mathrm{GL}(2)$ だけでなく $\mathrm{GL}(m+1)$ $(m=1, 2, 3, \cdots)$ の場合にも必要となる状況のところで証明する，ということになり，7.2 節の $\mathrm{GL}(2)$ のみで良かったときよりずっと難しくなる．

さて，佐藤テイト予想について Δ の場合が解決したのと全く

同じ方法によってGL(2)の正則保型形式の場合への拡張は解決している．詳しくは原論文

T.Barnet–Lamb, D.Geraghty, M.Harris and R.Taylor "A family of Calabi–Yau varieties and potential automorphy II " [カラビ－ヤウ多様体の族と潜保型性II] Publ. RIMS Kyoto Univ. **47** (2011) 29－98

を見られたい．タイトル下に"To Mikio Sato with admiration"とあり，佐藤テイト予想を提出してくれたことについて佐藤幹夫さんへの称賛が示されている（序文にも）．

ラングランズ予想の現状のサーベイは長大になりがちで読むのも困難であるが，リチャード・テイラー（Richard Taylor, 1962年5月19日イギリス生れ，現在はプリンストン高等研究所教授・スタンフォード大学教授）を中心に研究が進展している．次のテイラーたちの論文は23頁と短いものなので一読をすすめたい（論文自体はテイラーのホームページからダウンロードできる）：

S.Patrikis and R.Taylor "Automorphy and irreducibility of some ℓ－adic representations" [ℓ進表現の保型性と既約性] Compositio Math. **151** (2015) 207－229.

段々と拡張されて（条件が弱められて）来て進歩している様子が見てとれる（たとえば「系B」=「系2.3」および「系C」=「系2.5」は，ガロア表現のゼータの解析接続と関数等式を明示的に証明している）であろう．テイラーたち10人組はCM体上の楕円曲線の佐藤テイト予想も解決した（2018年，193ページのプレプリント）．

さて，これらの輝かしい成果にもかかわらず，重大な問題が未解決となっていることを説明しておこう．それは，正則保型形式ではなくて，非正則保型形式（波動形式，wave form）の場

合である．それらの保型形式はマースが1949年に論文として発表したものであり，無限個あり（オイラー積としても無限個），ラマヌジャンΔの$\tau(p)$にあたる$c(p)$が定まる：

H.Maass "Über eine neue Art von nichtanalytischen automorphen Funktionen und die Bestimmung Dirichletscher Reihen durch Funktionalgleichungen" [新種の非（複素）解析的保型関数と関数等式によるディリクレ級数の決定] Math.Ann. **121** (1949) 141–183.

そのときの

波動形式版 ラマヌジャン予想	素数pに対して $\lvert c(p)\rvert \leqq 2$

は全く手がついていない．それは，Δなどの正則保型形式のときには数論幾何（代数幾何）的手法が使えたのであるが，波動形式に対してはそれが使えないことが致命的である．さらに，波動形式版ラマヌジャン予想を仮定すると

$$c(p)=2\cos(\theta(p))$$

となる$0\leqq\theta(p)\leqq\pi$が定まるが，そのときの佐藤テイト予想

$0\leqq\alpha<\beta\leqq\pi$に対して，$x\to\infty$のとき

$$|\{p\leqq x\mid\theta(p)\in[\alpha,\beta]\}|\sim\left(\int_{[\alpha,\beta]}\frac{2}{\pi}\sin^2(\theta)d\theta\right)\frac{x}{\log x}$$

も同じ理由で全く手がつけられない状態である．しかも，保型表現（保型形式）のほとんどは非正則（非複素解析的）保型形式である（つまり，正則保型形式は保型形式全体から見るとごくわずか）ので，この状況は絶望的と言わざると得ない．

7.4　ラングランズ：10月のゼータ者

ラングランズは1936年10月6日にカナダに生まれた．研究分野は数論と関係した表現論である．初期の仕事には一般の代数群上のアイゼンシュタイン級数論（長さは数百ページ）がある．これがラングランズ数学の基本にある．

ラングランズ予想に関する構想は1966年末のクリスマス休暇の時期にまとまったようである．ラングランズの場合は，長大な論文になることが多く，通常の数学専門誌に発表することよりも，講義録や単行本による出版が多い．また，それと関連して，公表されなかった仕事も多くあった．この点は最近では改良されていて，所属しているプリンストン高等研究所のホームページにラングランズの数学記録が細大漏らさず集められていて，誰でも読むことができる．たとえば，"Euler Products"［オイラー積］という1970年頃の講義録は，アイゼンシュタイン級数の定数項をゼータ関数（L関数）の解析接続に用いるというアイディアを書き上げたものであり面白い．これらの記録は本人によるコメント付である．

ラングランズ予想（非可換類体論予想）には「ラングランズ哲学（Langlands philosophy）」や「ラングランズプログラム（Langlands program）」などの名前も付いていて数学における予想としては異色である．それと関係しているが，たいへん広範囲にわたってラングランズ予想の類似物がある：

(1) 大域ラングランズ予想：代数体上

(2) 局所ラングランズ予想：標数0の局所体上

(3) 正標数の大域ラングランズ予想：有限体係数の1変数関数体上

(4) 正標数の局所ラングランズ予想：標数正の局所体上

(5) 幾何的ラングランズ予想：複素数体係数の1変数関数体（リーマン面）上．

このうち (1) が，これまで話してきた，通常のラングランズ予想である．(2) はその局所版であり，ほぼ解決している（テイラーたち）．さらに，(3) (4) は正標数版であり解決済である（ドリンフェルト，ラフォルグ）．(5) は素粒子論・超弦理論に関連していてウィッテンなどの物理学者が中心となって研究されてきたものであり，解決されていると言えるようである．

このように，本来のラングランズ予想 (1) 以外はほとんど証明済なのであるが，本来のラングランズ予想を完全解決する見通しは全く立っていないのが現状であり，そこに数論の難しさが凝縮している．「クロネッカー青春の夢」との関連も謎である．

7.5　ラングランズガロア群

ラングランズは，$\mathrm{GL}(n, \mathbb{A}_K)$（$K$ は代数体）の保型表現 π の（標準）ゼータ

$$L(s, \pi) = \prod_{\substack{P \subset \mathcal{O}_K \\ \text{極大イデアル}}} \det(1 - M_\pi(P) N(P)^{-s})^{-1}$$

を導入する（$M_\pi(P) \in \mathrm{GL}(n, \mathbb{C})$ は佐武パラメーター）とともに，$\mathrm{GL}(n, \mathbb{C})$ の有限次元表現

$$r : \mathrm{GL}(n, \mathbb{C}) \longrightarrow \mathrm{GL}(m, \mathbb{C})$$

に対して

$$L(s, \pi, r) = \prod_P \det(1 - r(M_\pi(P)) N(P)^{-s})^{-1}$$

を構成した．標準ゼータは

$$r = id \ : \mathrm{GL}(n, \mathbb{C}) \longrightarrow \mathrm{GL}(n, \mathbb{C})$$

の場合である．7.3 節に現れた $L(s, \Delta, \mathrm{Sym}^m)$ は $K = \mathbb{Q}$,

$r = \mathrm{Sym}^m : \mathrm{GL}(2) \longrightarrow \mathrm{GL}(m+1)$ の場合である．なお，

$$\mathrm{Sym}^m : \mathrm{GL}(2) \longrightarrow \mathrm{GL}(m+1)$$

は$\begin{pmatrix} a & b \\ c & d \end{pmatrix} \in \mathrm{GL}(2)$に対して

$$\begin{aligned} &((ax+cy)^m,\ (ax+cy)^{m-1}(bx+dy), \cdots, (bx+dy)^m) \\ &= (x^m, x^{m-1}y, \cdots.\ y^m)\mathrm{Sym}^m\begin{pmatrix} a & b \\ c & d \end{pmatrix} \end{aligned}$$

と定める．たとえば

$$\begin{aligned} &\mathrm{Sym}^0\begin{pmatrix} a & b \\ c & d \end{pmatrix} = 1, \\ &\mathrm{Sym}^1\begin{pmatrix} a & b \\ c & d \end{pmatrix} = \begin{pmatrix} a & b \\ c & d \end{pmatrix}, \\ &\mathrm{Sym}^2\begin{pmatrix} a & b \\ c & d \end{pmatrix} = \begin{pmatrix} a^2 & ab & b^2 \\ 2ac & ad+bc & 2bd \\ c^2 & cd & d^2 \end{pmatrix} \end{aligned}$$

である．興味のある読者がSym^mの準同型性（表現であること）を確かめるのは良い練習問題である．

このように，標準ゼータ$L(s,\pi)$だけでなく，その変型版（一般化）$L(s,\pi,r)$も導入したおかげで数学の見通しが良くなってくることは，佐藤テイト予想の証明でわかった通りである．なお，「πが$\mathrm{GL}(n, \mathbb{A}_K)$の保型表現，$r:\mathrm{GL}(n)\longrightarrow \mathrm{GL}(m)$が表現なら

$$L(s,\pi,r) = L(s,\Pi)$$

となる$\mathrm{GL}(m, \mathbb{A}_K)$の保型表現$\Pi$が存在する」ということもラングランズ予想に含まれている（関手性，functoriality）のであるが，ほとんど証明されてはいない．実際，マースの導入した波動形式から来る$\mathrm{GL}(2, \mathbb{A}_\mathbb{Q})$の保型表現$\pi$に対して

$$L(s,\pi,\mathrm{Sym}^m) = L(s,\Pi)$$

となる$\mathrm{GL}(m+1, \mathbb{A}_\mathbb{Q})$の保型表現$\Pi$が存在することが言えているのは小さい$m$のいくつかのみであり，たとえば$m>10$では$L(s,\pi,\mathrm{Sym}^m)$の解析接続や関数等式さえも証明できてはいない（$L(s,\Pi)$となっているならば言えているべきことである）．

さらに，ラングランズの画期的研究として

R.P.Langlands"Automorphic representations, Shimura varietirs, and motives. Ein Märchen" [保型表現，志村多様体およびモチーフ．一つのメルヘン] Proc. Sympos. Pure Math. **33** (1979) 205–246

がある．この，1979年の論文ではラングランズガロア群 Γ_K の存在を予想した．それは，

$$\{L(s,\pi)\,|\,\pi \text{ は } \mathrm{GL}(n,\mathbb{A}_K) \text{ の保型表現}\}$$
$$=\{L(s,\rho)\,|\,\rho:\Gamma_K \longrightarrow \mathrm{GL}(n,\mathbb{C})\}$$

となるべきものである：

$$L(s,\rho)=\prod_{\substack{P\subset\mathcal{O}_K \\ \text{極大イデアル}}} \det(1-\rho(\mathrm{Frob}_P)N(P)^{-s})^{-1}.$$

その構成方法は K に対する保型表現全体

$$\bigcup_{n=1}^{\infty}\{\mathrm{GL}(n,\mathbb{A}_K) \text{ の保型表現}\}$$

の成す淡中圏（淡中双対性を発見した淡中忠郎にちなむ名前；淡中さんは1908年12月27日生れで，1986年10月25日に亡くなった）あるいはテンソル圏から群 Γ_K を作るという方針であり，これができれば，ラングランズ予想もとても自然に解釈できることになる．ただし，淡中圏になることを証明することは困難であり，出来てはいない．ちなみに，私は淡中忠郎の孫弟子となる：淡中忠郎——菅野恒雄——黒川信重．

このラングランズの論文は，ラマヌジャン予想をみたさない保型表現の分析も行っている．それは，第2章で触れた黒川の例（論文出版は1978年のInventiones Math．であるが，1976年2月にプリンストンの志村五郎教授に報告済）を解釈することを目的としていた．ラングランズがその論文を執筆していた当時（1977年頃）には，ラングランズさんから私の論文に関する（独特の手書き字体の）手紙を頂きうれしいことであった．

7.6　ラングランズ革命

ラングランズ予想がフェルマー予想や佐藤テイト予想などへの応用を持っていることが実現している現在からは想像しがたいことなのであるが，ラングランズ予想は革命であった．その点を明確にしておこう．

類体論は

$$\begin{aligned}\mathrm{Gal}(K^{ab}/K) &= \mathrm{Gal}(\overline{K}/K)^{ab}\\ &\cong (\mathrm{GL}(1,K)\backslash \mathrm{GL}(1,\mathbb{A}_K))/(\text{単位元の連結成分})\end{aligned}$$

という群の同型として確立された（高木貞治，1920年）．ここで，

$$\mathrm{GL}(1,K)\backslash \mathrm{GL}(1,\mathbb{A}_K) = K^\times \backslash \mathbb{A}_K^\times$$

はイデール類群である．

すると，当然，非可換類体論へと研究は進んだのであるが，$\mathrm{Gal}(\overline{K}/K)$ を何らかのわかりやすい群として表示しようとする試みはすべて失敗に終って，1970年を迎えたのである．高木類体論からちょうど50年が経っていた．（私は，その年に高校を卒業して，大学に入学したところだったので，そのときにラングランズ予想を知る由もなかった．）

ラングランズが1970年に公表したラングランズ予想は，類体論やその後の試みとは全く違って，「群 $\mathrm{Gal}(\overline{K}/K)$ を求める」ことはやめて「群 $\mathrm{Gal}(\overline{K}/K)$ の双対（既約表現全体）を求める」というコペルニクス的転換を与えていたのである．

類体論が問題としていたアーベル群 $\mathrm{Gal}(K^{ab}/K)$ の場合は群そのものと双対（1次元表現全体の作る群）はほとんど同じであることが盲点であった．類体論は本当は双対を求めていたのである，という認識に至る必要があった．

この諦観をラングランズしか持ち得なかったということが，歴史上の大いなる反省点である．このことは，ラングランズ予想の場合だけでなく，困難な壁にぶちあたっているすべての問題において教訓とすべきことである．

11月

第8章 ゼータ育成

ゼータ育成とはゼータの解析接続のことである．ふつう，オイラー積をもつ場合を考える．オイラー積ならいつでも解析接続できると予想しがちであるが，それは大きな間違いである．本章はその点を報告しよう．もともとは，ちょうど100年前の1919年に書かれたランダウとワルフィッツの共著論文から明確になっていたのであるが，専門家でも全体像を知らない人がほとんどである．オイラー積に解析接続不可能な限界（自然境界）が出てくる様子を，エスターマンの結果（1928年）およびそれを拡張した黒川の結果で見ていただこう．新ゼータ育成へのヒントになる．

悲劇を知らないと喜劇も生きてはこない．

8.1 ゼータの合成

新しいゼータを育成するにはゼータの合成（種々の「畳み込み」）を考えるのが有効である．そこで，ゼータを育成するという面からゼータの合成を見てみよう．

まず，オイラー積をもつゼータから新ゼータを作ろう．関数

$$a:\{1,2,3,\cdots\}\longrightarrow\mathbb{C}$$

が乗法的（multiplicative）とは，$a(1)=1$ であって，互いに素な m,n に対して等式

$$a(mn)=a(m)a(n)$$

が成り立つことである．このとき，ゼータ（ディリクレ級数）

$$D_a(s)=\sum_{n=1}^{\infty}a(n)n^{-s}$$

はオイラー積表示

$$D_a(s)=\prod_{p:\text{素数}}D_a^p(s),\quad D_a^p(s)=\sum_{k=0}^{\infty}a(p^k)\,p^{-ks}$$

をもつ．ここで，$D_a^p(s)$ はオイラー積の p 因子と呼ばれる．

オイラー積表示の成り立つことは，

$$\begin{aligned}\prod_p D_a^p(s)&=\prod_p\left(\sum_{k=0}^{\infty}a(p^{-k})p^{-ks}\right)\\&=\sum_{n=1}^{\infty}a(n)n^{-s}\\&=D_a(s)\end{aligned}$$

からわかる．ただし，$a(n)$ が乗法的とは，相違なる素数 $p_1,\cdots,p_r$ に対して

$$a(p_1^{k_1})\cdots a(p_r^{k_r})=a(p_1^{k_1}\cdots p_r^{k_r})$$

が成立することと同値であることを使っている．

また，逆に，$D_a(s)$ がオイラー積表示をもつのは $a(n)$ が乗法的なときに限ることもわかる（$a(1)=1$ の条件をはずしたときには，零関数 $a(n)=0$, $D_a(s)=0$ も出てくる）．

以下では，乗法的関数 $a(n)$ に対するオイラー積 $D_a(s)$ を考える．よく使われる乗法的関数をあげておこう．

(1) $a(n)=1$ $(n=1,2,3,\cdots)$．このとき

$$D_a(s)=\sum_{n=1}^{\infty}n^{-s}=\prod_p(1-p^{-s})^{-1}=\zeta_{\mathbb{Z}}(s).$$

(2) $a(n)=\begin{cases}1 & \cdots\cdots\ n=1,\\ 0 & \cdots\cdots\ n>1.\end{cases}$

このとき

$$D_a(s)=1 \ (\text{定数関数}).$$

(3)　$a(n)=\mu(n)$ ：メビウス関数.

このとき

$$D_\mu(s)=\zeta_{\mathbb{Z}}(s)^{-1}.$$

(4)　$a(n)=d(n)$ ： n の約数の個数.

このとき

$$D_d(s)=\zeta_{\mathbb{Z}}(s)^2.$$

(5)　$a(n)=\chi(n)$ ：ディリクレ指標.

このとき

$$\begin{aligned} D_\chi(s) &= \sum_{n=1}^{\infty}\chi(n)n^{-s} \\ &= \prod_p (1-\chi(p)p^{-s})^{-1} \\ &= L(s,\chi) \end{aligned}$$

はディリクレ L 関数.

(6)　$a(n)=\tau(n)$ ：ラマヌジャンの τ 関数.

このとき

$$\begin{aligned} D_\tau(s) &= \sum_{n=1}^{\infty}\tau(n)n^{-s} \\ &= \prod_p (1-\tau(p)p^{-s}+p^{11-2s})^{-1} \\ &= L(s,\Delta) \end{aligned}$$

であり,

$$\begin{aligned} \Delta(z) &= e^{2\pi iz}\prod_{n=1}^{\infty}(1-e^{2\pi inz})^{24} \\ &= \sum_{n=1}^{\infty}\tau(n)e^{2\pi inz} \quad (\mathrm{Im}(z)>0) \end{aligned}$$

はラマヌジャンの Δ 関数（保型形式）である.

さて，オイラー積

$$D_a(s)=\sum_{n=1}^{\infty}a(n)n^{-s}$$

と

$$D_b(s)=\sum_{n=1}^{\infty}b(n)n^{-s}$$

に対して合成（畳み込み，スカラー積，ラマヌジャン積，ランキン・セルバーグ積などと，呼び方は千差万別）

$$D_{ab}(s)=\sum_{n=1}^{\infty}a(n)b(n)n^{-s}$$

を考える．この $D_{ab}(s)$ もオイラー積

$$D_{ab}(s)=\prod_{p}D_{ab}^{p}(s)$$

をもつ．楽観的な期待は次のものである．

予想A　乗法的関数 $a(n), b(n)$ について，$D_a(s)$ と $D_b(s)$ がすべての $s\in\mathbb{C}$ に解析接続されるなら $D_{ab}(s)$ もそうなる．

ここでは定式化を簡単にするために2個の場合にしているが，一般に $D_{a_1}(s),\cdots,D_{a_r}(s)$ から作った

$$D_{a_1\cdots a_r}(s)=\sum_{n=1}^{\infty}a_1(n)\cdots a_r(n)n^{-s}$$

の場合も同様に考えられる．

類似した予想も並べておこう．いま，$\mathcal{F}$ によって素数べき全体を表し，$\mathcal{F}$ の元 $q=p^m$（p は素数，$m\geqq 1$ は整数）に対して $m(q)=m$ とおく（もちろん，$\mathcal{F}$ として有限体全体をとっても良い）．

予想 B $f, g : \mathcal{F} \longrightarrow \mathbb{C}$ に対して

$$\zeta_{f/\mathbb{Z}}(s) = \exp\left(\sum_{q \in \mathcal{F}} \frac{f(q)}{m(q)} q^{-s}\right),$$
$$\zeta_{g/\mathbb{Z}}(s) = \exp\left(\sum_{q \in \mathcal{F}} \frac{g(q)}{m(q)} q^{-s}\right)$$

がすべての $s \in \mathbb{C}$ に解析接続されるなら

$$\zeta_{fg/\mathbb{Z}}(s) = \exp\left(\sum_{q \in \mathcal{F}} \frac{f(q)g(q)}{m(q)} q^{-s}\right)$$

もそう.

これも，予想 A と同じく，オイラー積をもつ場合となっている：

$$\zeta_{f/\mathbb{Z}}(s) = \prod_{p:\text{素数}} \zeta_{f/\mathbb{F}_p}(s),$$
$$\zeta_{f/\mathbb{F}_p}(s) = \exp\left(\sum_{m=1}^{\infty} \frac{f(p^m)}{m} p^{-ms}\right).$$

予想 B の絶対版は次の形である.

予想 C $f, g : \mathbb{R}_{>0} \longrightarrow \mathbb{C}$ に対して

$$\zeta_{f/\mathbb{F}_1}(s) = \exp\left(\int_1^{\infty} \frac{f(x)}{\log x} x^{-s} \frac{dx}{x}\right),$$
$$\zeta_{g/\mathbb{F}_1}(s) = \exp\left(\int_1^{\infty} \frac{g(x)}{\log x} x^{-s} \frac{dx}{x}\right),$$

がすべての $s \in \mathbb{C}$ に解析接続されるなら

$$\zeta_{fg/\mathbb{F}_1}(s) = \exp\left(\int_1^{\infty} \frac{f(x)g(x)}{\log x} x^{-s} \frac{dx}{x}\right)$$

もそう.

予想 A には，あとで解説する通り反例があるのであるが，予想 B と予想 C は本質的には大丈夫なのであろう．そのことは次章で一般的に議論することにして，本章は，予想 A を

$b(n)=\mu(n)$ に限定した場合を中心に考察しよう．

練習問題1　次を示せ．ただし，$a(n)$ は(一般的)乗法的関数，$\mu(n)$ はメビウス関数，$d(n)$ は約数関数である．

(1)　$D_{\mu}(s)=\zeta_{\mathbb{Z}}(s)^{-1}$.

(2)　$D_{d}(s)=\zeta_{\mathbb{Z}}(s)^{2}$.

(3)　$D_{a\mu}(s)=\prod_{p:\text{素数}}(1-a(p)p^{-s})$.

(4)　$D_{\mu^2}(s)=\prod_{p:\text{素数}}(1+p^{-s})=\dfrac{\zeta_{\mathbb{Z}}(s)}{\zeta_{\mathbb{Z}}(2s)}$.

(5)　$D_{d\mu}(s)=\prod_{p:\text{素数}}(1-2p^{-s})$.

解答

(1)
$$D_{\mu}(s)=\prod_{p}D_{\mu}^{p}(s),\qquad D_{\mu}^{p}(s)=\sum_{k=0}^{\infty}\mu(p^k)p^{-ks}$$

において

$$\mu(p^k)=\begin{cases}1 & \cdots\ k=0,\\ -1 & \cdots\ k=1,\\ 0 & \cdots\ k\geqq 2\end{cases}$$

であるから

$$D_{\mu}(s)=\prod_{p}(1-p^{-s})=\zeta_{\mathbb{Z}}(s)^{-1}.$$

(2)
$$\begin{aligned}D_{d}(s)&=\sum_{n=1}^{\infty}d(n)n^{-s}\\ &=\prod_{p}\left(\sum_{k=0}^{\infty}d(p^k)p^{-ks}\right)\\ &=\prod_{p}\left(\sum_{k=0}^{\infty}(k+1)p^{-ks}\right)\\ &=\prod_{p}\frac{1}{(1-p^{-s})^2}\\ &=\zeta_{\mathbb{Z}}(s)^2.\end{aligned}$$

(3)
$$D_{a\mu}(s)=\prod_p D_{a\mu}^p(s),$$

$$D_{a\mu}^p(s)=\sum_{k=0}^{\infty} a(p^k)\mu(p^k)p^{-ks}$$

であり，(1) で用いた $\mu(p^k)=1,-1,0$ の分布より

$$D_{a\mu}^p(s)=1-a(p)p^{-s}.$$

(4) $\mu(p)=-1$ を (3) で $a=\mu$ とした場合に用いて

$$D_{\mu^2}(s)=\prod_p(1+p^{-s})$$

となる．したがって

$$D_{\mu^2}(s)=\prod_p \frac{1-p^{-2s}}{1-p^{-s}}=\frac{\zeta_{\mathbb{Z}}(s)}{\zeta_{\mathbb{Z}}(2s)}.$$

(5) $d(p)=2$ を (3) に用いればよい．［**解答終**］

8.2　エスターマン：11月のゼータ者

エスターマンの命日は11月29日である：Theodor Estermann, 1902年2月5日 - 1991年11月29日．エスターマンはドイツに生まれたが，1926年からはイギリスで研究生活を送った．彼は数論の研究者であり，著書“Introduction to Modern Prime Number Theory”［現代素数論入門］Combridge Univ.Press, 1952年でも有名である．

エスターマンはドイツに居た1925年に学位を得た．指導教官はラーデマッヘル（Hans Rademacher, 1892 - 1969）である．また，エスターマンから学位を得た数学者の中には，ロス（Klaus Roth, 1925 - 2015）がいる（学位は1950年，ロンドン大学）．ロスは代数的数の有理数近似に関する「ロスの定理」(1955年；トゥエ（1909年），ジーゲル（1921年）と改良されて来ていたので「トゥエ・ジーゲル・ロスの定理」とも呼ばれる）によって1958

年にフィールズ賞を受賞した．

さて，ここでエスターマンが登場するのは，1928年の画期的な論文

T.Estermann“On certain functions represented by Dirichlet series”［ディリクレ級数で表示されるある種の関数について］Proc.London Math.Soc. (2) **27** (1928) 435－448

が本章の話に深くかかわっているためである．ちなみに，この論文は『日本数学物理学会誌』第2巻（1928年）第3号（317頁－324頁）に「ディリクレの級数によって表はされた或る函数について」（訳：泉信一）として定理と証明が日本語に訳出されている：このシステムは現在の論文紹介より極めて充実したものとなっていた．なお，訳されている泉信一氏（1904－1990年）には

泉信一『ディリクレ級数論』岩波書店，1931年

という著書もあり，適任者である．

私は，学生時代にエスターマンのこの論文に感動し，エスターマンの結果を可能な限り拡張して修士論文（東京工業大学，1977年3月）を書いた．その概要は，エスターマンの論文からちょうど50年後の1978年の論文

N.Kurokawa“On the meromorphy of Euler products”［オイラー積の有理型性について］Proc.Japan Acad. **54A** (1978) 163－166

および

N.Kurokawa“On Linnik's problem”［リニクの問題について］Proc.Japan Acad. **54A** (1978) 167－169

に出ている．詳しい論文は

N.Kurokawa“On the meromorphy of Euler products (Ⅰ)

(II)"[オイラー積の有理型性について(I)(II)] Proc. London Math.Soc. (3) **53** (1986) 1-47, 209-236

である．エスターマンの論文が出版されたのと同じ雑誌『ロンドン数学会紀要』に58年後に報告できたのは大変な喜びであった．

なお，エスターマンの業績紹介を含む追悼文が

"Obituary Theodor Estermann" Bull.London Math.Soc.**26** (1994) 593-606

として出ている．著者はK.F.RothおよびR.C.Vaughanであり，二人ともエスターマンの有名な弟子である．

8.3 エスターマンの結果

1928年のエスターマンの結果を紹介しよう．まず，具体的な例から述べると，8.1節の練習問題に出てきた

$$\begin{aligned} D_{d\mu}(s) &= \sum_{n=1}^{\infty} d(n)\mu(n)n^{-s} \\ &= \prod_{p:\text{素数}} (1-2p^{-s}) \end{aligned}$$

は$\mathrm{Re}(s)>0$において有理型関数として解析接続できることがわかる．さらに，エスターマンの成果の真価が発揮されるのは，$D_{d\mu}(s)$は$\mathrm{Re}(s)=0$を自然境界 (natural boundary) にもつという点にある．つまり，$D_{d\mu}(s)$は$\mathrm{Re}(s)\leqq 0$には (絶対に) 解析接続不可能なことを証明しているのである．こんな簡単に見えるオイラー積が$s\in\mathbb{C}$全体には解析接続できないなんて想像もつかないことであり，驚くべきことである．もちろん，

$$\zeta_{\mathbb{Z}}(s) = \prod_{p} (1-p^{-s})^{-1}$$

は$s\in\mathbb{C}$全体に解析可能なのであって，ちょっとした違いが大

きく影響するのである．

エスターマンの結果を簡単な場合に書いておこう．

定理1（エスターマン）　$\gamma\in\mathbb{Z}$ に対して

$$\zeta_\gamma(s)=\prod_{p:\text{素数}}(1-\gamma p^{-s})^{-1}$$

とおく．このとき，次が成立する．

(1)　$\gamma=0,1,-1$ のときは，$\zeta_\gamma(s)$ は $s\in\mathbb{C}$ 全体に有理型関数として解析接続可能である：

$$\zeta_0(s)=1,\quad \zeta_1(s)=\zeta_{\mathbb{Z}}(s),\quad \zeta_{-1}(s)=\frac{\zeta_{\mathbb{Z}}(2s)}{\zeta_{\mathbb{Z}}(s)}.$$

(2)　$\gamma\neq 0,1,-1$ のときは，$\zeta_\gamma(s)$ は $\mathrm{Re}(s)>0$ において有理型関数として解析接続可能であり，$\mathrm{Re}(s)=0$ を自然境界にもつ：$\mathrm{Re}(s)=0$ 上の各点は $\mathrm{Re}(s)>0$ における $\zeta_\gamma(s)$ の極の極限点である．

例　$D_{d\mu}(s)=\prod_p(1-2p^{-s})=\zeta_2(s)^{-1}$ は $\mathrm{Re}(s)>0$ に有理型関数として解析接続可能であり，$\mathrm{Re}(s)=0$ を自然境界にもつ．

エスターマンの定理は，もう少し一般化して述べることができる．そのために，多項式

$$H(T)\in 1+T\mathbb{Z}[T]$$

がユニタリ（unitary）という条件を

$$H(T)=(1-\gamma_1 T)\cdots(1-\gamma_r T)$$

となる $\gamma_1,\cdots,\gamma_r\in\mathbb{C}$ であって $|\gamma_1|=\cdots=|\gamma_r|=1$ となるものが存在することと定める．これは

$$H(T)=\det(1-MT)$$

となるユニタリ行列 M が存在することと同値である（$H(T)=1$

もユニタリと考える).

たとえば,

$$H(T)=1-\gamma T\in 1+T\mathbb{Z}[T]$$

がユニタリとは $\gamma=0,1,-1$ と同じことである.

練習問題 2 $H(T)\in 1+T\mathbb{Z}[T]$ に対して次を示せ.

(1) $H(T)=\prod_{n=1}^{\infty}(1-T^n)^{\kappa(n)}$

となる $\kappa(n)\in\mathbb{Z}$ が一意的に存在する.ただし,等号は形式的べき級数の群 $1+T\mathbb{Z}[\![T]\!]$ の中で考える.

(2) $H(T)$:ユニタリ $\Longleftrightarrow H(T)=\prod_{n=1}^{N}(1-T^n)^{\kappa(n)}$

となる N が存在する.

解答

(1) 帰納的に $\kappa(n)$ $(n=1,2,3,\cdots)$ を定めて行けばよい.まず,

$$H(T)=1+a_1T+a_2T^2+\cdots$$

とすると,$H(T)$ の 1 次の係数を見て $\kappa(1)=-a_1$ と決まる.

次に,

$$\begin{aligned}H(T)(1-T)^{-\kappa(1)}&=(1+a_1T+a_2T^2+\cdots)\\&\qquad\left(1+\kappa(1)T+\frac{\kappa(1)(\kappa(1)+1)}{2}T^2+\cdots\right)\\&=1+\left(a_2+a_1\kappa(1)+\frac{\kappa(1)(\kappa(1)+1)}{2}\right)T^2+\cdots\\&=1+\left(a_2-a_1^2+\frac{a_1(a_1-1)}{2}\right)T^2+\cdots\end{aligned}$$

であるから,

$$\begin{aligned}&H(T)(1-T)^{-\kappa(1)}(1-T^2)^{-\kappa(2)}\\&\quad=1+\left(\kappa(2)+a_2-a_1^2+\frac{a_1(a_1-1)}{2}\right)T^2+\cdots\end{aligned}$$

より $\kappa(2)=-a_2+a_1^2-\dfrac{a_1(a_1-1)}{2}$

と決まる．これを順番に続ければよい．

(2)　$\Leftarrow$) $H(T)=\prod_{n=1}^{N}(1-T^n)^{\kappa(n)}$ とする．いま，

$$H(T)=(1-\gamma_1 T)\cdots(1-\gamma_r T)$$

と分解すると，$H(\gamma_j^{-1})=0$ であるから

$$\prod_{n=1}^{N}(1-\gamma_j^{-n})^{\kappa(n)}=0.$$

したがって，γ_j は1のべき根であり，$|\gamma_j|=1$ がわかる．

$\Rightarrow$) $\begin{cases} H(T)=(1-\gamma_1 T)\cdots(1-\gamma_r T), \\ H(T)=\prod_{n=1}^{\infty}(1-T^n)^{\kappa(n)} \end{cases}$

とすると，対数をとって比較して

$$\begin{aligned} -\sum_{m=1}^{\infty}\frac{\gamma_1^m+\cdots+\gamma_r^m}{m}T^m &= -\sum_{n=1}^{\infty}\kappa(n)\left(\sum_{m=1}^{\infty}\frac{1}{m}T^{nm}\right) \\ &= -\sum_{m=1}^{\infty}\frac{\sum_{n|m}n\kappa(n)}{m}T^m \end{aligned}$$

となるので

$$\gamma_1^m+\cdots+\gamma_r^m=\sum_{n|m}n\kappa(n).$$

メビウス変換すると

$$n\kappa(n)=\sum_{m|n}\mu\left(\frac{n}{m}\right)(\gamma_1^m+\cdots+\gamma_r^m)$$

つまり，

$$\kappa(n)=\frac{1}{n}\sum_{m|n}\mu\left(\frac{n}{m}\right)(\gamma_1^m+\cdots+\gamma_r^m)$$

を得る（これは，(1) の $\kappa(n)$ に対する明示式である）．

　したがって，$|\gamma_1|=\cdots=|\gamma_r|=1$ ならば

$$|\kappa(n)| \leqq \frac{1}{n}\sum_{m|n} r = r\frac{d(n)}{n}$$

がわかる．ここで，初等的性質

$$\lim_{n\to\infty}\frac{d(n)}{n} = 0$$

より，$n > N$ なら $|\kappa(n)| < 1$ となる N をとることができる．さらに，$\kappa(n)$ は整数なので，$n > N$ なら $\kappa(n) = 0$ となる．したがって

$$H(T) = \prod_{n=1}^{N}(1-T^n)^{\kappa(n)}$$

が成立する．　　　　　　　　　　　　　　　　　　**[解答終]**

上記の計算を $H(T) = 1-2T$ の場合に用いると

$$1-2T = \prod_{n=1}^{\infty}(1-T^n)^{\kappa(n)},$$
$$\kappa(n) = \frac{1}{n}\sum_{m|n}\mu\left(\frac{n}{m}\right)2^m$$

となる：

$$\kappa(1) = 2,\ \kappa(2) = \frac{2^2-2^1}{2} = 1,$$

$$\kappa(3) = \frac{2^3-2^1}{3} = 2,\ \kappa(4) = \frac{2^4-2^2}{4} = 3,$$

$$\kappa(5) = \frac{2^5-2^1}{5} = 6,\ \kappa(6) = \frac{2^6-2^3-2^2+2^1}{6} = 9,$$

$$\kappa(7) = \frac{2^7-2^1}{7} = 18,\ \kappa(8) = \frac{2^8-2^4}{8} = 30,$$

$$\kappa(9) = \frac{2^9-2^3}{9} = 56,\ \kappa(10) = \frac{2^{10}-2^5-2^2+2^1}{10} = 99, \cdots.$$

これは第 2 章の合同ゼータの計算 (2.1 節) に出てきていたことである．

定理 1 は次の定理において $H(T)$ の次数が 1 (以下) の場合となる．エスターマンは，この形に定式化していないので見にくいため，黒川の定理の形にしておく．

定理2 （エスターマン）

多項式 $H(T)\in 1+T\mathbb{Z}[T]$ に対して

$$L(s,H)=\prod_{p:\text{素数}} H(p^{-s})^{-1}$$

とおく．このとき次が成立する．

(1)　$H(T)$ がユニタリならば，$L(s,H)$ は $s\in\mathbb{C}$ 全体に有理型関数として解析接続可能である．

(2)　$H(T)$ がユニタリでないならば，$L(s,H)$は $\mathrm{Re}(s)>0$ において有理型関数として解析接続可能であるが，$\mathrm{Re}(s)=0$ を自然境界にもつ．

［**証明方針**］

(1)　$H(T)$ がユニタリならば，練習問題2 (2) により

$$H(T)=\prod_{n=1}^{N}(1-T^n)^{\kappa(n)}$$

となるので

$$\begin{aligned}L(s,H)&=\prod_{p}\left(\prod_{n=1}^{N}(1-p^{-ns})^{\kappa(n)}\right)^{-1}\\&=\prod_{n=1}^{N}\left(\prod_{p}(1-p^{-ns})^{-1}\right)^{\kappa(n)}\\&=\prod_{n=1}^{N}\zeta_{\mathbb{Z}}(ns)^{\kappa(n)}\end{aligned}$$

が $\mathrm{Re}(s)>1$ において成立する．したがって，$L(s,H)$ は $s\in\mathbb{C}$ 全体での有理型関数となる．

(2)　$H(T)$ が非ユニタリとすると，練習問題2 (1) の表示

$$H(T)=\prod_{n=1}^{\infty}(1-T^n)^{\kappa(n)}$$

は本当に無限積（つまり，$\kappa(n)\neq 0$ となる n が無限個存在）である．このとき，

$$
\begin{aligned}
L(s,H) &= \prod_p \left(\prod_{n=1}^{\infty} (1-p^{-ns})^{\kappa(n)} \right)^{-1} \\
&= \prod_{n=1}^{\infty} \left(\prod_p (1-p^{-ns})^{-1} \right)^{\kappa(n)} \\
&= \prod_{n=1}^{\infty} \zeta_{\mathbb{Z}}(ns)^{\kappa(n)}
\end{aligned}
$$

となる．これは，$H(T)$ の表示が本当に無限積になっているので形式的な計算であるが，精密に評価することにより，$L(s,H)$ は $\mathrm{Re}(s)>0$ において有理型関数として解析接続可能であることを示すことができる．次に，

$$\gamma(H) = \max\{|\gamma_1|, \cdots, |\gamma_r|\}$$

とおくと，$\gamma(H)>1$ がわかる．すると，$\mathrm{Re}(s)=0$ 上の各点 $s(0)$ に対して

$$s(0) = \lim_{n\to\infty} s(n)$$

となる $L(s,H)$ の極 $s(n)$ $(\mathrm{Re}(s(n))>0)$ を作ることができる．その作り方は，素数 $p(n)$ を必要に応じて大きく取り

$$H(p(n)^{-s(n)}) = 0$$

をみたすように $s(n)$ をうまくとる．実際，$|p(n)^{s(n)}| = \gamma(H)$ と選べば，少なくとも

$$\mathrm{Re}(s(n)) = \frac{\log\gamma(H)}{\log p(n)}$$

となるので，$p(n)\to\infty$ のとき $\mathrm{Re}(s(n))\to 0$ となっている．もちろん，$\mathrm{Im}(s(n))$ は $\mathrm{Im}(s(0))$ に近づくように調整する．ただし，このような $s(n)$ が本当に $L(s,H)$ の極になっていることを示すには $\zeta_{\mathbb{Z}}(ms)^{\kappa(m)}$ $(m=1,2,3,\cdots)$ の零点や極たちとの打ち消しを評価する必要がある．おおよそ，このようにして，$\mathrm{Re}(s)=0$ が $L(s,H)$ の自然境界となることが証明される．

［**証明方針終**］

このように見てくると，H のユニタリ性とは $L(s,H)$ の局所リーマン予想（ラマヌジャン予想型）に他ならないと認識できる．エスターマンは定理2から次のように具体的で興味深い例を得ている．

定理3（エスターマン）

$m=1,2,3,\cdots$ に対して

$$D_{d^m}(s)=\sum_{n=1}^{\infty} d(n)^m n^{-s}$$

を考える．

(1)　$m=1,2$ のときは，$D_{d^m}(s)$ は $s\in\mathbb{C}$ 全体で有理型関数として解析接続可能である：

$$D_d(s)=\zeta_{\mathbb{Z}}(s)^2,$$
$$D_{d^2}(s)=\frac{\zeta_{\mathbb{Z}}(s)^4}{\zeta_{\mathbb{Z}}(2s)}.$$

(2)　$m\geqq 3$ のときは，$D_{d^m}(s)$ は $\mathrm{Re}(s)>0$ において有理型関数として解析接続可能であるが，$\mathrm{Re}(s)=0$ を自然境界にもつ．

これは8.1節に記した予想Aへの反例を与えている．たとえば，

$$\begin{cases} D_d(s)=\zeta_{\mathbb{Z}}(s)^2 \text{ は} \\ \qquad s\in\mathbb{C} \text{ 全体に解析接続可能,} \\ D_{d^2}(s)=\dfrac{\zeta_{\mathbb{Z}}(s)^4}{\zeta_{\mathbb{Z}}(2s)} \text{ は} \\ \qquad s\in\mathbb{C} \text{ 全体に解析接続可能} \end{cases}$$

なのであるが，2つを合成した

$$D_{d^3}(s)=\sum_{n=1}^{\infty} d(n)^3 n^{-s}$$

は $s \in \mathbb{C}$ 全体には解析接続不可能なのである．もちろん，

$$\begin{cases} D_d(s) = \sum_{n=1}^{\infty} d(n)n^{-s} = \zeta_{\mathbb{Z}}(s)^2 \text{ は} \\ \qquad s \in \mathbb{C} \text{ 全体に解析接続可能,} \\ D_\mu(s) = \sum_{n=1}^{\infty} \mu(n)n^{-s} = \zeta_{\mathbb{Z}}(s)^{-1} \text{ は} \\ \qquad s \in \mathbb{C} \text{ 全体に解析接続可能} \end{cases}$$

なのに，合成した

$$D_{d\mu}(s) = \prod_p (1-2p^{-s})$$

は $s \in \mathbb{C}$ 全体には解析接続不可能，ということも予想 A への反例である．

なお，エスターマンの定理に先行して，ランダウとワルフィッツの論文があった：

E.Landau and A.Walfisz"Über die Nichtfortsetzbarkeit einiger durch Dirichletsche Reihe definierter Funktionen"［ディリクレ級数にて定義された関数の解析接続不可能性について］Rend.Circ.Mat.Palermo **44** (1920) 82–86.

このときの $H(T)$ は多項式ではなく $H(T)=e^T$ となる場合にあたっていて，

$$\begin{aligned} L(s, H) &= \prod_p H(p^{-s})^{-1} \\ &= \prod_p \exp(p^{-s})^{-1} = \exp\Big(-\sum_p p^{-s}\Big) \end{aligned}$$

となるので，$L(s, H)$ の解析接続問題は

$$P(s) = \sum_p p^{-s}$$

の解析接続問題と実質的に同じことになる．ランダウとワルフィッツは表示

$$L(s,H)=\prod_{n=1}^{\infty}\zeta_{\mathbb{Z}}(ns)^{\frac{\mu(n)}{n}}$$

を用いることによって，$L(s,H)$ および $P(s)$ は $\mathrm{Re}(s)>0$ に解析接続可能である（有理型とはならない）が $\mathrm{Re}(s)=0$ を自然境界にもつ，ということを証明していた．この論文は今からちょうど100年前に書かれたもの（投稿は1919年12月6日）であり，記憶さるべき成果である（ランダウについては第11章も参照されたい）．

8.4　黒川の拡張

エスターマンの定理を黒川は拡張した．そのためには，位相群 G に対して仮想表現環（仮想指標環）

$$R(G)=\left\{\sum_{\rho}c(\rho)\mathrm{tr}(\rho)\ \middle|\ \begin{array}{l}\rho\text{は}G\text{の有限次元既約ユニタリ表現}\\ \text{の同値類を動き}, c(\rho)\in\mathbb{Z}\text{は有限個}\\ \text{を除き}0\end{array}\right\}$$

を考え，多項式

$$H(T)\in 1+T\cdot R(G)[T]$$

からゼータ

$$L(s,H)=\prod_{p:\text{素数}}H_{\alpha(p)}(p^{-s})^{-1}$$

を構成する．ここで，$\alpha(p)\in\mathrm{Conj}(G)$ はフロベニウス共役類（ガロア表現型）あるいは佐武パラメーター（保型表現型）であり，$H_{\alpha(p)}(T)$ は $H(T)$ の係数（$\mathrm{Conj}(G)$ 上の関数である）に $\alpha(p)$ を代入したものである：

$$H_{\alpha(p)}(T)\in 1+T\mathbb{C}[T].$$

この定式化はセルバーグ型ゼータの場合にも与えられている．すると，エスターマンの定理1〜定理3が拡張できる（G が自明群 $\{1\}$ のときが $R(G)=\mathbb{Z}$ となるエスターマンの場合）．ただし，証明は複雑かつ長くなる．詳細は先にあげた黒川の原論文を熟読されたいが，定理3にあたるものだけを一つあげておこう（この場合は $G=SU(2)$）．

定理4（黒川）

ラマヌジャンの τ 関数に対して

$$D_{\tau^m}(s)=\sum_{n=1}^{\infty}\tau(n)^m n^{-s} \quad (m=1,2,3,\cdots)$$

を考える．このとき次が成立する．

(1) $m=1,2$ のときは，$D_{\tau^m}(s)$ は $s\in\mathbb{C}$ 全体に解析接続可能．

(2) $m\geqq 3$ のときは，$D_{\tau^m}(s)$ は $\mathrm{Re}(s)>\frac{11m}{2}$ において有理型関数として解析接続可能であるが，$\mathrm{Re}(s)=\frac{11m}{2}$ を自然境界にもつ．

一点注意しておくと，黒川の原論文の時点では佐藤テイト予想を仮定していたのであるが，それは2011年にテイラーたち四人組によって証明されたおかげで，もはや仮定は必要なくなっているのである．数学は進歩している．

さらに，黒川の定理は「オイラー積原理」の起源と考えることができる．それは,「オイラー積が性質Aをみたすこと」と「すべてのオイラー因子が性質Bをみたすこと」との同値性を明示するものである．上記の場合には，性質Bは「リーマン予想」，性質Aは「有理型性」となっている．双方を「リーマン予想・関数等式」等に設定することも可能である．このオイラー積原理は数学最高の未解決問題であるリーマン予想への明快な道を与えている．

12月

ゼータ融合

二つのゼータから新しいゼータを構成する方法がゼータ融合である．古典的な場合は $\sum_{n=1}^{\infty} a(n)n^{-s}$ と $\sum_{n=1}^{\infty} b(n)n^{-s}$ から $\sum_{n=1}^{\infty} a(n)b(n)n^{-s}$ を作る．これは1916年にラマヌジャンがはじめたものであるが，ランキン（1939年）とセルバーグ（1940年）が研究を追加して，ランキン・セルバーグ融合とも呼ばれている．この古典融合は見た目にわかりやすい構成法なので普及している．しかし，零点や極が古典融合によってどのように変化するかを見ることは難しい．絶対融合の重要な点は，零点および極の融合下の動きを真正面から捉える事にある．

9.1　ラマヌジャン融合

ラマヌジャンは1916年の論文

S.Ramanujan"Some formulae in analytic theory of numbers"［解析数論におけるいくつかの公式］Messenger of Mathematics **48** (1916) 81－84

において二つのオイラー積

$$D_a(s)=\sum_{n=1}^{\infty}a(n)n^{-s},$$
$$D_b(s)=\sum_{n=1}^{\infty}b(n)n^{-s}$$

から融合（合成，畳み込み）

$$D_{ab}(s)=\sum_{n=1}^{\infty}a(n)b(n)n^{-s}$$

を作ることを考え，いくつかの例を計算した．そのときにオイラー積をもつ場合を注目したことは，計算を進める上でも，後の発展から見ても，大きな意義があった．

記述上の便利のために

$$D_{ab}(s)=D_a(s)*D_b(s)$$

つまり

$$\sum_{n=1}^{\infty}a(n)b(n)n^{-s}=\left(\sum_{n=1}^{\infty}a(n)n^{-s}\right)*\left(\sum_{n=1}^{\infty}b(n)n^{-s}\right)$$

という書き方も使うことにする．

ラマヌジャンの計算の代表的なものをやってみよう．

練習問題1　次を示せ（$\mathrm{Re}(s)$ は十分大としておく）．

(1)　$\zeta_{\mathbb{Z}}(s)^2*\zeta_{\mathbb{Z}}(s)^2=\dfrac{\zeta_{\mathbb{Z}}(s)^4}{\zeta_{\mathbb{Z}}(2s)}$.

(2)　$\alpha,\beta\in\mathbb{C}$ に対して

$$\begin{aligned}&(\zeta_{\mathbb{Z}}(s)\zeta_{\mathbb{Z}}(s-\alpha))*(\zeta_{\mathbb{Z}}(s)\zeta_{\mathbb{Z}}(s-\beta))\\&=\frac{\zeta_{\mathbb{Z}}(s)\zeta_{\mathbb{Z}}(s-\alpha)\zeta_{\mathbb{Z}}(s-\beta)\zeta_{\mathbb{Z}}(s-\alpha-\beta)}{\zeta_{\mathbb{Z}}(2s-\alpha-\beta)}.\end{aligned}$$

解答

(1) $\zeta_{\mathbb{Z}}(s)^2=\sum_{n=1}^{\infty}d(n)n^{-s}$

である（$d(n)$ は約数関数）ので，証明すべきことは

$$\sum_{n=1}^{\infty} d(n)^2 n^{-s} = \frac{\zeta_{\mathbb{Z}}(s)^4}{\zeta_{\mathbb{Z}}(2s)}$$

である（$\mathrm{Re}(s)>1$ で成立）．その計算には，オイラー積

$$\sum_{n=1}^{\infty} d(n)^2 n^{-s} = \prod_{p:\text{素数}} \left(\sum_{k=0}^{\infty} d(p^k)^2 p^{-ks}\right)$$

の p 因子

$$\sum_{k=0}^{\infty} d(p^k)^2 p^{-ks} = \sum_{k=0}^{\infty} (k+1)^2 p^{-ks}$$

を求めればよい．簡単のために $u=p^{-s}$ とおこう（$|u|<1$）．等比級数の和の公式

$$\sum_{k=0}^{\infty} u^{k+1} = \frac{u}{1-u}$$

からスタートする．微分して，

$$\sum_{k=0}^{\infty} (k+1)u^k = \frac{1}{1-u} + \frac{u}{(1-u)^2} = \frac{1}{(1-u)^2}$$

つまり

$$\sum_{k=0}^{\infty} (k+1)u^{k+1} = \frac{u}{(1-u)^2}$$

を得る．よって，再び微分すると

$$\begin{aligned}\sum_{k=0}^{\infty} (k+1)^2 u^k &= \frac{1}{(1-u)^2} + 2\frac{u}{(1-u)^3} \\ &= \frac{1+u}{(1-u)^3} \\ &= \frac{1-u^2}{(1-u)^4}\end{aligned}$$

となる．したがって，

$$\sum_{k=0}^{\infty} (k+1)^2 p^{-ks} = \frac{1-p^{-2s}}{(1-p^{-s})^4}$$

より

$$\sum_{n=1}^{\infty} d(n)^2 n^{-s} = \prod_{p:\text{素数}} \frac{1-p^{-2s}}{(1-p^{-s})^4}$$
$$= \frac{\zeta_{\mathbb{Z}}(s)^4}{\zeta_{\mathbb{Z}}(2s)}$$

となって，(1) が示された．

(2) 上と全く同様にすると，

$$\zeta_{\mathbb{Z}}(s)\zeta_{\mathbb{Z}}(s-\alpha) = \sum_{n=1}^{\infty} \sigma_{\alpha}(n) n^{-s},$$
$$\zeta_{\mathbb{Z}}(z)\zeta_{\mathbb{Z}}(s-\beta) = \sum_{n=1}^{\infty} \sigma_{\beta}(n) n^{-s}$$

より

$$\sum_{n=1}^{\infty} \sigma_{\alpha}(n)\sigma_{\beta}(n) n^{-s} = \prod_{p:\text{素数}} \left(\sum_{k=0}^{\infty} \sigma_{\alpha}(p^k)\sigma_{\beta}(p^k) p^{-ks} \right)$$

を求めることになる．ここで，

$$\sigma_{\alpha}(n) = \sum_{m|n} m^{\alpha}$$

は n の約数の α 乗の和である：(1) の場合には $\sigma_0(n) = d(n)$ が表れていた．

したがって，オイラー積の p 因子の計算

$$\sum_{k=0}^{\infty} \sigma_{\alpha}(p^k)\sigma_{\beta}(p^k) u^k = \frac{1-p^{\alpha+\beta}u^2}{(1-u)(1-p^{\alpha}u)(1-p^{\beta}u)(1-p^{\alpha+\beta}u)}$$

をすればよいことになる．そこで

$$\sigma_{\alpha}(p^k) = 1 + p^{\alpha} + p^{2\alpha} + \cdots + p^{k\alpha} = \frac{1-p^{(k+1)\alpha}}{1-p^{\alpha}}$$

などを用いる（ひとまず $p^{\alpha} \neq 1$ としておく）と

$$\sum_{k=0}^{\infty}\sigma_{\alpha}(p^k)\sigma_{\beta}(p^k)u^k$$

$$=\sum_{k=0}^{\infty}\frac{1-p^{(k+1)\alpha}}{1-p^{\alpha}}\cdot\frac{1-p^{(k+1)\beta}}{1-p^{\beta}}u^k$$

$$=\frac{1}{(1-p^{\alpha})(1-p^{\beta})}\sum_{k=0}^{\infty}\{u^k-p^{\alpha}(p^{\alpha}u)^k-p^{\beta}(p^{\beta}u)^k+p^{\alpha+\beta}(p^{\alpha+\beta}u)^k\}$$

$$=\frac{1}{(1-p^{\alpha})(1-p^{\beta})}\left(\frac{1}{1-u}-\frac{p^{\alpha}}{1-p^{\alpha}u}-\frac{p^{\beta}}{1-p^{\beta}u}+\frac{p^{\alpha+\beta}}{1-p^{\alpha+\beta}u}\right)$$

$$=\frac{1}{(1-p^{\alpha})(1-p^{\beta})}\left(\frac{1-p^{\alpha}}{(1-u)(1-p^{\alpha}u)}-\frac{(1-p^{\alpha})p^{\beta}}{(1-p^{\beta}u)(1-p^{\alpha+\beta}u)}\right)$$

$$=\frac{1}{1-p^{\beta}}\left(\frac{1}{(1-u)(1-p^{\alpha}u)}-\frac{p^{\beta}}{(1-p^{\beta}u)(1-p^{\alpha+\beta}u)}\right)$$

$$=\frac{1-p^{\alpha+\beta}u^2}{(1-u)(1-p^{\alpha}u)(1-p^{\beta}u)(1-p^{\alpha+\beta}u)}$$

となり，(2) がわかる．なお，(1) の場合のように，$p^{\alpha}=1$ や $p^{\beta}=1$ のときには

$$\sigma_{\alpha}(p^k)=k+1$$

や

$$\sigma_{\beta}(p^k)=k+1$$

を使って同様な計算となる．　［**解答終**］

次の例も全く同じ方針で計算できる（これはラマヌジャンには記録はない）．必要な知識は

黒川信重・栗原将人・斎藤毅『数論II』岩波書店，2005 年

の第 9 章を見られたい．

練習問題2　ラマヌジャンの τ 関数に対して，各素数 p において

$$\begin{cases}\alpha(p)+\beta(p)=\tau(p)\\ \alpha(p)\beta(p)=p^{11}\end{cases}$$

となる $\alpha(p)$, $\beta(p)$ をとっておく．このとき，

$$\begin{aligned}&\sum_{n=1}^{\infty}\tau(n)^2n^{-s}\\&=\prod_{p:\text{素数}}\frac{1-\alpha(p)\beta(p)p^{-2s}}{(1-\alpha(p)^2p^{-s})(1-\alpha(p)\beta(p)p^{-s})^2(1-\beta(p)^2p^{-s})}\\&=\frac{\zeta_{\mathbb{Z}}(s-11)^2}{\zeta_{\mathbb{Z}}(2s-11)}\prod_{p}((1-\alpha(p)^2p^{-s})(1-\beta(p)^2p^{-s}))^{-1}\end{aligned}$$

が成立する．

解答

まず，オイラー積

$$\begin{aligned}\sum_{n=1}^{\infty}\tau(n)n^{-s}&=\prod_{p}(1-\tau(p)p^{-s}+p^{11-2s})^{-1}\\&=\prod_{p}((1-\alpha(p)p^{-s})(1-\beta(p)p^{-s}))^{-1}\end{aligned}$$

に注目する．これを，オイラー積表示

$$\sum_{n=1}^{\infty}\tau(n)n^{-s}=\prod_{p}\left(\sum_{k=0}^{\infty}\tau(p^k)p^{-ks}\right)$$

と比較すると

$$\begin{aligned}&\sum_{k=0}^{\infty}\tau(p^k)u^k\\&=\frac{1}{(1-\alpha(p)u)(1-\beta(p)u)}\\&=(1+\alpha(p)u+\alpha(p)^2u^2+\cdots)\times(1+\beta(p)u+\beta(p)^2u^2+\cdots)\end{aligned}$$

となることから

$$\tau(p^k)=\sum_{\ell=0}^{k}\alpha(p)^{\ell}\beta(p)^{k-\ell}=\frac{\alpha(p)^{k+1}-\beta(p)^{k+1}}{\alpha(p)-\beta(p)}$$

がわかる．したがって，

$$\sum_{n=1}^{\infty}\tau(n)^2 n^{-s}=\prod_p\left(\sum_{k=0}^{\infty}\tau(p^k)^2 p^{-ks}\right)$$
$$=\prod_p\left(\sum_{k=0}^{\infty}\left(\frac{\alpha(p)^{k+1}-\beta(p)^{k+1}}{\alpha(p)-\beta(p)}\right)^2 p^{-ks}\right)$$

を計算すればよい．これは，練習問題1と全く同様にして

$$\sum_{k=0}^{\infty}\left(\frac{\alpha(p)^{k+1}-\beta(p)^{k+1}}{\alpha(p)-\beta(p)}\right)^2 u^k$$
$$=\frac{1-\alpha(p)\beta(p)u^2}{(1-\alpha(p)^2u)(1-\alpha(p)\beta(p)u)^2(1-\beta(p)^2u)}$$

となるので，

$$\sum_{n=1}^{\infty}\tau(n)^2 n^{-s}=\frac{\zeta_{\mathbb{Z}}(s-11)^2}{\zeta_{\mathbb{Z}}(2s-11)}\prod_p((1-\alpha(p)^2p^{-s})(1-\beta(p)^2p^{-s}))^{-1}$$

が示された．　　　　　　　　　　　　　　　　　　　**［解答終］**

9.2　ラマヌジャン：12月のゼータ者

ラマヌジャンは12月22日に南インドに生まれた：Srinivasa Ramanujan 1887年12月22日－1920年4月26日．2020年は歿後百年となる．ラマヌジャンはたくさんの数学発見を行った天才として有名であるが，ゼータの研究という数学の本道にその真価があったことは忘れ去られがちである．

ラマヌジャンは1916年の論文

S.Ramanujan"On certain arithmetical functions"［ある種の数論的関数について］Proc. Cambridge Philosophical Society **22** (1916) 159–184

において，ラマヌジャンの Δ 関数

$$\Delta(z)=e^{2\pi iz}\prod_{n=1}^{\infty}(1-e^{2\pi inz})^{24}\quad(\mathrm{Im}(z)>0)$$

の展開係数 $\tau(n)$ を研究した：

$$\Delta(z)=\sum_{n=1}^{\infty}\tau(n)e^{2\pi inz},$$

$$\tau(1)=1,\ \tau(2)=-24,\ \tau(3)=252,$$

$$\tau(4)=-1472,\ \tau(5)=4830,\ \cdots$$

ここで，$\Delta(z)$ は重さ 12 の保型形式であり，保型性

$$\Delta\left(\frac{az+b}{cz+d}\right)=(cz+d)^{12}\Delta(z)$$

を $\begin{pmatrix}a & b\\ c & d\end{pmatrix}\in SL(2,\mathbb{Z})$ に対してみたす．とくに，$\begin{pmatrix}a & b\\ c & d\end{pmatrix}=\begin{pmatrix}0 & -1\\ 1 & 0\end{pmatrix}$ とすると

$$\Delta\left(-\frac{1}{z}\right)=z^{12}\Delta(z)$$

となる．

ラマヌジャンは二つの予想を提出した：

(A)
$$L(s,\Delta)=\sum_{n=1}^{\infty}\tau(n)n^{-s}$$

とおくと

$$L(s,\Delta)=\prod_{p:\text{素数}}(1-\tau(p)p^{-s}+p^{11-2s})^{-1}.$$

すなわち，$\tau(n)$ は乗法的関数であって，各素数 p に対して漸化式

$$\tau(p^{k+1})=\tau(p)\tau(p^k)-p^{11}\tau(p^{k-1})\quad(k\geqq 1)$$

をみたす．

(B) 素数 p に対して $|\tau(p)|\leqq 2p^{\frac{11}{2}}$．

すなわち，

$$1-\tau(p)p^{-s}+p^{11-2s}=(1-\alpha(p)p^{-s})(1-\beta(p)p^{-s})$$

と分解したとき，$|\alpha(p)|=|\beta(p)|=p^{\frac{11}{2}}$ をみたす．

このうち (A) は1917年にモーデルによって証明された．(B) は「ラマヌジャン予想」として長年未解決となっていたが，1974年にドリーニュが証明した．それは，グロタンディークによる合同ゼータの行列式表示 (SGA5, 1965年) という巨大な成果の上で，合同ゼータのリーマン予想の証明と同時に達成された．さらに，ラマヌジャンによる2次のオイラー積 $L(s, \varDelta)$ の発見が，フェルマー予想の解決 (1995年，ワイルズ) にまで発展する．その歴史については，『数論 II』および単行本

(1) 黒川信重『ラマヌジャン：ζの衝撃』現代数学社，2015年

(2) 黒川信重『ラマヌジャン探検』岩波書店，2017年

(3) 黒川信重『オイラー，リーマン，ラマヌジャン：時空を超えた数学者の接点』岩波書店，2006年

を参照されたい．

さらに，驚くべきことにラマヌジャンは「深リーマン予想 (Deep Riemann Hypothesis)」に接近していたのであった．このことは単行本 (1) (2) において指摘した通りである．

ここで，ラマヌジャン予想

(B)　$|\tau(p)| \leqq 2p^{\frac{11}{2}}$　(p は素数)

は

(B*)　$|\tau(n)| \leqq d(n)n^{\frac{11}{2}}$　$(n=1, 2, 3, \cdots)$

と同値であることを注意しておこう．まず，(B*) ⇒ (B) は n を素数 p にするだけでよい：

$d(p)=2.$

一方，(B) ⇒ (B*) は，(B) から

$$\tau(p)=2p^{\frac{11}{2}}\cos(\theta(p))$$

となる $0 \leqq \theta(p) \leqq \pi$ がとれること（一意的に決まる）を用いると，漸化式より $k=0,1,2,\cdots$ に対して

$$\tau(p^k)=(p^k)^{\frac{11}{2}}\frac{\sin((k+1)\theta(p))}{\sin(\theta(p))}$$

となることがわかる．すると，一般の n の場合に素因数分解して

$$n=p_1^{e_1}\cdots p_r^{e_r}\ \ (p_1,\cdots,p_r \text{ は相異なる素数})$$

と書いておけば，τ 関数の乗法性から

$$\begin{aligned}\tau(n)&=\tau(p_1^{e_1})\cdots\tau(p_r^{e_r})\\&=(p_1^{e_1})^{\frac{11}{2}}\frac{\sin((e_1+1)\theta(p_1))}{\sin(\theta(p_1))}\cdot\cdots\cdot(p_r^{e_r})^{\frac{11}{2}}\frac{\sin((e_r+1)\theta(p_r))}{\sin(\theta(p_r))}\\&=n^{\frac{11}{2}}\frac{\sin((e_1+1)\theta(p_1))}{\sin(\theta(p_1))}\cdots\frac{\sin((e_r+1)\theta(p_r))}{\sin(\theta(p_r))}\end{aligned}$$

となるので，簡単な不等式

$$\left|\frac{\sin((e_j+1)\theta(p_j))}{\sin(\theta(p_j))}\right|\leqq e_j+1\ \ (j=1,\cdots,r)$$

より

$$|\tau(n)|\leqq(e_1+1)\cdots(e_r+1)n^{\frac{11}{2}}=d(n)n^{\frac{11}{2}}$$

を得る．

9.3　ランキン・セルバーグ融合

ランキン（1939年）とセルバーグ（1940年）はラマヌジャン予想

$$|\tau(n)|\leqq d(n)n^{\frac{11}{2}}\ \ (n=1,2,3,\cdots)$$

に接近する方向の研究を行い，

$$\tau(n)=O(n^{\frac{29}{5}})$$

を証明した．つまり

$$|\tau(n)| \leqq Cn^{\frac{29}{5}} \quad (n=1,2,3,\cdots)$$

が成立する定数 C が存在する，という結果である．

よく知られているように，任意の $\varepsilon > 0$ に対して

$$d(n) = O(n^{\varepsilon})$$

であることを考慮すると，初等的にわかる評価

$$\tau(n) = O(n^{6})$$

からラマヌジャン予想への道程を n のべきで見ると

$$\frac{11}{2} \overset{\frac{3}{10}}{\longleftarrow\cdots\cdots\cdots} \frac{29}{5} \overset{\frac{1}{5}}{\longleftarrow\!\!\!-\!\!\!-\!\!\!-} 6$$

ラマヌジャン予想　　ランキン・セルバーグ　　初等的

となっていて，ランキン・セルバーグの方法の偉力がわかる．

ランキンとセルバーグは練習問題2に出てきたゼータ $\displaystyle\sum_{n=1}^{\infty} \tau(n)^2 n^{-s}$ の解析接続を研究して結果を得たのであるが，それは，一般の $m = 1,2,3,\cdots$ に対するゼータ

$$L_m(s, \varDelta) = \sum_{n=1}^{\infty} \tau(n)^m n^{-s}$$

を研究することによってラマヌジャン予想に一層近づくことができて証明が完了するだろう，との期待を高めるものであった．しかし，その方針によるラマヌジャン予想の証明は得られていない．ちなみに，第8章で述べた通り，現在では，$m \geqq 3$ のときには

$$L_m(s, \varDelta) = \sum_{n=1}^{\infty} \tau(n)^m n^{-s}$$

は $\mathrm{Re}(s) > \dfrac{11m}{2}$ において有理型関数として解析接続可能であるが，$\mathrm{Re}(s) = \dfrac{11m}{2}$ を自然境界にもつ，という結果が証明されている（黒川）．

ここで，ランキン・セルバーグの $L_2(s, \varDelta)$ に関する研究がど

のように成されるかの方針を書いておこう．それは，$\Delta(z)$ の保型性を用いることに帰着するので，簡単な

$$L_1(s,\Delta)=\sum_{n=1}^{\infty}\tau(n)n^{-s}$$

の解析接続の場合から見よう．このときは，ウィルトン（Wilton, 1929 年）が積分表示

$$L_1(s,\Delta)=\frac{1}{(2\pi)^{-s}\Gamma(s)}\int_1^{\infty}\Delta(iy)(y^s+y^{12-s})\frac{dy}{y}$$

によって $L_1(s,\Delta)$ をすべての $s\in\mathbb{C}$ に正則関数として解析接続できることを証明した．そのときの完備ゼータは

$$\hat{L}_1(s,\Delta)=(2\pi)^{-s}\Gamma(s)L_1(s,\Delta)$$

であり，関数等式は

$$\hat{L}_1(s,\Delta)=\hat{L}_1(12-s,\Delta)$$

となる．この積分表示は（たとえば $\mathrm{Re}(s)>7$ において）

$$\begin{aligned}\int_0^{\infty}\Delta(iy)y^{s-1}dy&=\int_0^{\infty}\left(\sum_{n=1}^{\infty}\tau(n)e^{-2\pi ny}\right)y^{s-1}dy\\&=\sum_{n=1}^{\infty}\tau(n)\left(\int_0^{\infty}e^{-2\pi ny}y^{s-1}dy\right)\\&=\sum_{n=1}^{\infty}\tau(n)(2\pi)^{-s}\Gamma(s)n^{-s}\\&=(2\pi)^{-s}\Gamma(s)\sum_{n=1}^{\infty}\tau(n)n^{-s}\\&=\hat{L}_1(s,\Delta)\end{aligned}$$

から

$$\begin{aligned}\hat{L}_1(s,\Delta)&=\int_0^{\infty}\Delta(iy)y^s\frac{dy}{y}\\&=\int_1^{\infty}\Delta(iy)y^s\frac{dy}{y}+\int_0^{1}\Delta(iy)y^s\frac{dy}{y}\\&=\int_1^{\infty}\Delta(iy)y^s\frac{dy}{y}+\int_1^{\infty}\Delta\left(i\frac{1}{y}\right)y^{-s}\frac{dy}{y}\end{aligned}$$

としておいて，保型性

$$\Delta\left(-\frac{1}{z}\right)=z^{12}\Delta(z)$$

より $z=iy$ として得られた

$$\Delta\left(i\frac{1}{y}\right)=y^{12}\Delta(iy)$$

を代入して

$$\begin{aligned}\hat{L}_1(s,\Delta)&=\int_1^\infty \Delta(iy)y^s\frac{dy}{y}+\int_1^\infty \Delta(iy)y^{12-s}\frac{dy}{y}\\&=\int_1^\infty \Delta(iy)(y^s+y^{12-s})\frac{dy}{y}\end{aligned}$$

とわかる．この積分は，すべての $s\in\mathbb{C}$ に対して絶対収束かつ局所一様収束しているので，$\hat{L}_1(s,\Delta)$ がすべての $s\in\mathbb{C}$ へ正則関数として解析接続できることと関数等式

$$\hat{L}_1(s,\Delta)=\hat{L}_1(12-s,\Delta)$$

が得られる．したがって，$L_1(s,\Delta)$ がすべての $s\in\mathbb{C}$ へ正則関数として解析接続されることもわかる．

さて，ランキンとセルバーグは

$$\hat{L}_2(s,\Delta)=(2\pi)^{11-2s}\Gamma(s)\Gamma(s-11)\zeta_{\mathbb{Z}}(2s-11)L_2(s,\Delta)$$

に対する積分表示

$$\hat{L}_2(s,\Delta)=2^{13}\int_{SL(2,\mathbb{Z})\backslash H}|\Delta(z)|^2y^{12}\hat{E}(s-11,z)\frac{dxdy}{y^2}$$

を与えて，$\hat{L}_2(s,\Delta)$ と $L_2(s,\Delta)$ の $s\in\mathbb{C}$ 全体への解析接続を得た．ここで，

$$H=\{z=x+iy\mid x,y\in\mathbb{R},\ y>0\}$$

は上半平面であり，$z\in H$ に対して

$$\begin{aligned}\hat{E}(s,z)&=\hat{\zeta}_{\mathbb{Z}}(2s)E(s,z),\\E(s,z)&=\frac{1}{2}y^s\sum_{(c,d)=1}|cz+d|^{-2s}\end{aligned}$$

はアイゼンシュタイン級数である（詳しくは『数論II』第9章を

見られたい）．すると，関数等式は

$$\hat{L}_2(s,\Delta)=\hat{L}_2(23-s,\Delta)$$

となる．さらに，$L_2(s,\Delta)$ の $s=12$ における1位の極の様子を調べて評価式

$$\tau(n)=O(n^{\frac{29}{5}})$$

を得たのである．

なお，練習問題2より

$$\zeta_{\mathbb{Z}}(2s-11)L_2(s,\Delta)$$
$$=\prod_p((1-\alpha(p)^2p^{-s})(1-\alpha(p)\beta(p)p^{-s})^2(1-\beta(p)^2p^{-s}))^{-1}$$

となっていることに注意しておこう．この右辺を $L(s,\Delta\otimes\Delta)$ と書くのが普通である．記号 $\otimes$ はテンソル積の意味である．

9.4　テンソル積

オイラー積

$$L(s,M)=\prod_{p:\text{素数}}\det(1-p^{-s}M(p))^{-1}$$

を考える．ここで，

$$M=(M(p))_{p:\text{素数}}$$

であり，各 $M(p)$ は（ある次数以下の）複素正方行列である．もう一つオイラー積

$$L(s,N)=\prod_{p:\text{素数}}\det(1-p^{-s}N(p))^{-1}$$

が与えられたとき，オイラー積のテンソル積を

$$L(s,M\otimes N)=\prod_{p:\text{素数}}\det(1-p^{-s}M(p)\otimes N(p))^{-1}$$

と定める．ただし，一般に，n 次正方行列 A と m 次正方行列 B に対して nm 次の正方行列 $A\otimes B$ は $A=(a_{ij})_{i,j=1,\cdots,n}$ のと

き

$$A \otimes B = (a_{ij}B)_{i,j=1,\cdots,n}$$

と定まるクロネッカーテンソル積 (Kronecker tensor product) である.

第 8 章に出てきた一般のオイラー積

$$\zeta_f(s) = \exp\left(\sum_q \frac{f(q)}{m(q)} q^{-s}\right),$$

$$\zeta_g(s) = \exp\left(\sum_q \frac{g(q)}{m(q)} q^{-s}\right)$$

のテンソル積は

$$\zeta_{fg}(s) = \exp\left(\sum_q \frac{f(q)g(q)}{m(q)} q^{-s}\right)$$

と定まる. ただし, $q = p^m$ (p は素数, $m \geqq 1$ は整数) は素数べき全体を動き $m(q) = m$ である (q の代りに有限体——ガロア体——$\mathbb{F}_q$ にわたらせてもよい).

たとえば,

$$\zeta_f(s) = L(s, M),$$

$$\zeta_g(s) = L(s, N)$$

としておくと, 対数をとって計算して

$$f(p^m) = \mathrm{tr}(M(p)^m),$$

$$g(p^m) = \mathrm{tr}(N(p)^m)$$

となるので

$$\begin{aligned} f(p^m)g(p^m) &= \mathrm{tr}(M(p)^m)\mathrm{tr}(N(p)^m) \\ &= \mathrm{tr}(M(p)^m \otimes N(p)^m) \\ &= \mathrm{tr}((M(p) \otimes N(p))^m) \end{aligned}$$

より

$$\zeta_{fg}(s) = L(s, M \otimes N)$$

となる. より一般に,

$$\zeta_f(s) = \frac{L(s, M_+)}{L(s, M_-)},$$
$$\zeta_g(s) = \frac{L(s, N_+)}{L(s, N_-)}$$

なら

$$f(p^m) = \mathrm{tr}(M_+(p)^m) - \mathrm{tr}(M_-(p)^m),$$
$$g(p^m) = \mathrm{tr}(N_+(p)^m) - \mathrm{tr}(N_-(p)^m)$$

から

$$\begin{aligned} f(p^m)g(p^m) &= \mathrm{tr}(M_+(p)^m)\mathrm{tr}(N_+(p)^m) \\ &\quad + \mathrm{tr}(M_-(p)^m)\mathrm{tr}(N_-(p)^m) \\ &\quad - \mathrm{tr}(M_+(p)^m)\mathrm{tr}(N_-(p)^m) \\ &\quad - \mathrm{tr}(M_-(p)^m)\mathrm{tr}(N_+(p)^m) \\ &= \mathrm{tr}((M_+(p) \otimes N_+(p))^m) \\ &\quad + \mathrm{tr}((M_-(p) \otimes N_-(p))^m) \\ &\quad - \mathrm{tr}((M_+(p) \otimes N_-(p))^m) \\ &\quad - \mathrm{tr}((M_-(p) \otimes N_+(p))^m) \end{aligned}$$

となり

$$\zeta_{fg}(s) = \frac{L(s, M_+ \otimes N_+)L(s, M_- \otimes N_-)}{L(s, M_+ \otimes N_-)L(s, M_- \otimes N_+)}$$

となることがわかる．

ラマヌジャン融合との関係については，簡単な場合

$$L(s, M) = \sum_{n=1}^{\infty} a(n)n^{-s},$$
$$L(s, N) = \sum_{n=1}^{\infty} b(n)n^{-s}$$

に書くと，

$$L(s, M) * L(s, N) = \sum_{n=1}^{\infty} a(n)b(n)n^{-s}$$

は

$$L(s,M)*L(s,N)=\frac{L(s,M\otimes N)}{L(s,(M,N))}$$

の形になる．テンソル積の視点からすると余分なオイラー積 $L(s,(M,N))$ が出てきてしまい，それが自然境界をもたらすことが多いのである．

なお，ここで必要となる p 因子の計算は次の事である：

$$\begin{aligned}&H(u,(M(p),N(p)))\\&=\Big(\sum_{k=0}^{\infty}\mathrm{tr}(S^kM(p))\mathrm{tr}(S^kN(p))u^k\Big)\\&\qquad\times\det(1-uM(p)\otimes N(p))\end{aligned}$$

は u の多項式で次数は
$\deg(M(p)\otimes N(p))-1$ 以下である．ただし，S^k は k 次対称テンソル積である．

証明は第8章であげた黒川の1986年の論文 (PLMS, Part (I)) にある．

そうすると

$$L(s,(M,N))=\prod_{p:\text{素数}}H(p^{-s},(M(p),N(p)))^{-1}$$

である．実際

$$L(s,M)*L(s,N)=\prod_{p}\Big(\sum_{k=0}^{\infty}a(p^k)b(p^k)p^{-ks}\Big)$$

において

$$\begin{aligned}\sum_{k=0}^{\infty}a(p^k)b(p^k)u^k&=\sum_{k=0}^{\infty}\mathrm{tr}(S^kM(p))\mathrm{tr}(S^kN(p))u^k\\&=\frac{H(u,(M(p),N(p)))}{\det(1-uM(p)\otimes N(p))}\end{aligned}$$

であるから

$$L(s,M)*L(s,N)=\frac{L(s,M\otimes N)}{L(s,(M,N))}$$

が成立する．

☪ 9.5　絶対テンソル積

絶対融合の解説を簡単にするために，絶対保型形式

$$f(x),\ g(x) \in \mathbb{Z}[x]$$

から作られる絶対ゼータ $\zeta_{f/\mathbb{F}_1}(s)$, $\zeta_{g/\mathbb{F}_1}(s)$ の絶対テンソル積の場合を考える．絶対保型性を

$$f\left(\frac{1}{x}\right) = Cx^{-D} f(x),$$
$$g\left(\frac{1}{x}\right) = C' x^{-D'} g(x)$$

とし，多項式の展開を

$$f(x) = \sum_{\alpha} a(\alpha) x^{\alpha},$$
$$g(x) = \sum_{\beta} a'(\beta) x^{\beta}$$

とする．このとき

$$\zeta_{f/\mathbb{F}_1}(s) = \prod_{\alpha} (s-\alpha)^{-a(\alpha)},$$
$$\zeta_{g/\mathbb{F}_1}(s) = \prod_{\beta} (s-\beta)^{-a'(\beta)}$$

となる．そこで，$f(x)$ と $g(x)$ の絶対テンソル積を

$$\begin{aligned}(f \otimes g)(x) &= f(x) g(x) \\ &= \sum_{\alpha, \beta} a(\alpha)\, a'(\beta) x^{\alpha+\beta}\end{aligned}$$

と定めると，絶対保型性は

$$(f \otimes g)\left(\frac{1}{x}\right) = CC' x^{-(D+D')} (f \otimes g)(x)$$

とわかる．次に $\zeta_{f/\mathbb{F}_1}(s)$ と $\zeta_{g/\mathbb{F}_1}(s)$ の絶対テンソル積を

$$\zeta_{f/\mathbb{F}_1}(s) \otimes \zeta_{g/\mathbb{F}_1}(s) = \zeta_{f \otimes g/\mathbb{F}_1}(s)$$

と構成する．すると，零点と極の動きが明確に捉えられる．基本的には $\zeta_{f/\mathbb{F}_1}(s)$ の零点・極と $\zeta_{g/\mathbb{F}_1}(s)$ の零点・極の和として $\zeta_{f \otimes g/\mathbb{F}_1}(s)$ の零点・極が出てくる（零和構造）：

$$\zeta_{f\otimes g/\mathbb{F}_1}(s)=\prod_{\alpha,\beta}(s-(\alpha+\beta))^{-a(\alpha)a'(\beta)}.$$

この絶対ゼータの絶対テンソル積は，コンヌおよびコンサニの画期的な論文

A.Connes and C.Consani "Schemes over $\mathbb{F}_1$ and zeta functions" [一元体上のスキームとゼータ関数] Compositio Mathematica **146** (2010) 1383-1415

の主定理 (Theorem 4.10) において，黒川テンソル積 (Kurokawa tensor product) として現われているものである．

黒川テンソル積の一般論については

黒川信重『現代三角関数論』岩波書店，2013年

黒川信重『絶対ゼータ関数論』岩波書店，2016年

黒川信重『絶対数学原論』現代数学社，2016年

黒川信重『リーマンと数論』共立出版，2016年

などを見られたい．

1月

第10章 井草ゼータ

井草ゼータの定義はわかりやすく，計算を行うのに適している．残念ながら，日本のゼータ普及活動にはあまり登場していないのが現状である．本章は，井草ゼータの世界が驚くほど豊富で多様なことの一端を紹介したい．とくに，ゼータの基本性質「オイラー積・関数等式・リーマン予想」がすべてみたされる簡単な例を井草ゼータから見つけよう．ここからゼータの世界に入るのは誰にもすすめられることである．練習問題もたくさんやってみよう．

10.1 有限ゼータと井草ゼータ

整数 $N \geqq 1$ に対して有限ゼータ $\zeta_N(s)$ を

$$\zeta_N(s)=\sum_{n|N} n^{-s}$$

と定める．たとえば，

$$\begin{aligned}
\zeta_1(s)&=1,\\
\zeta_2(s)&=1+2^{-s},\\
\zeta_3(s)&=1+3^{-s},\\
\zeta_4(s)&=1+2^{-s}+4^{-s},\\
\zeta_5(s)&=1+5^{-s},\\
\zeta_6(s)&=1+2^{-s}+3^{-s}+6^{-s},\\
\zeta_7(s)&=1+7^{-s}
\end{aligned}$$

である．$\zeta_N(s)$ が N について乗法的なことはすぐわかる：

練習問題 1　$(M, N)=1$ のとき

$$\zeta_{MN}(s)=\zeta_M(s)\zeta_N(s)$$

が成立することを示せ．

解答

$(M, N)=1$ のとき，MN の約数は $mn\,(m \mid M,\ n \mid N)$ の形をしているので，

$$\begin{aligned}\zeta_{MN}(s)&=\sum_{\substack{m \mid M \\ n \mid N}}(mn)^{-s}\\&=\Big(\sum_{m \mid M}m^{-s}\Big)\Big(\sum_{n \mid N}n^{-s}\Big)\\&=\zeta_M(s)\zeta_N(s).\end{aligned}$$

［**解答終**］

例　$\zeta_6(s)=\zeta_2(s)\zeta_3(s)$.

もう少し調べると基本性質を証明することができる：

練習問題 2　次を示せ．

(1)［オイラー積表示］

$$\begin{aligned}\zeta_N(s)&=\prod_{p \mid N}\zeta_{p^{\mathrm{ord}_p(N)}}(s)\\&=\prod_{p \mid N}\frac{1-p^{-(\mathrm{ord}_p(N)+1)s}}{1-p^{-s}}.\end{aligned}$$

ここで，$N=\prod_{p \mid N}p^{\mathrm{ord}_p(N)}$ は N の素因数分解である．

(2)［関数等式］

$$\zeta_N(-s)=N^s\zeta_N(s).$$

(3)［リーマン予想］

$$\zeta_N(s)=0 \quad \text{なら} \quad \mathrm{Re}(s)=0.$$

解答

(1) 練習問題 1 より

$$\zeta_N(s)=\prod_{p\mid N}\zeta_{p^{\mathrm{ord}_p(N)}}(s)$$

となる．さらに，

$$\begin{aligned}\zeta_{p^{\mathrm{ord}_p(N)}}(s)&=\sum_{k=0}^{\mathrm{ord}_p(N)}(p^k)^{-s}\\&=\frac{1-p^{-(\mathrm{ord}_p(N)+1)s}}{1-p^{-s}}\end{aligned}$$

であるから，

$$\zeta_N(s)=\prod_{p\mid N}\frac{1-p^{-(\mathrm{ord}_p(N)+1)s}}{1-p^{-s}}$$

を得る．

(2) $\zeta_N(-s)=\sum_{n\mid N}n^s$

において $\dfrac{N}{n}$ も N の約数全体を動くので，

$$\begin{aligned}\zeta_N(-s)&=\sum_{n\mid N}\left(\frac{N}{n}\right)^s\\&=N^s\sum_{n\mid N}n^{-s}\\&=N^s\zeta_N(s).\end{aligned}$$

(3) 上記の (1) を用いると，

$\zeta_N(s)=0$ ならある素数 $p\mid N$ に対して次が成立：

$$1-p^{-(\mathrm{ord}_p(N)+1)s}=0.$$

すると，変形することによって

$$\begin{aligned}p^{(\mathrm{ord}_p(N)+1)s}=1&\Longrightarrow\left|p^{(\mathrm{ord}_p(N)+1)s}\right|=1\\&\Longrightarrow p^{(\mathrm{ord}_p(N)+1)\mathrm{Re}(s)}=1\\&\Longrightarrow \mathrm{Re}(s)=0.\end{aligned}$$

［**解答終**］

応用を一つ書いておこう．

> **練習問題3**　N が完全数 $\Longleftrightarrow \zeta_N(1)=2$
> を証明せよ．

解答

$$
\begin{aligned}
N\text{ が完全数} &\Longleftrightarrow \sum_{n\mid N} n = 2N \\
&\Longleftrightarrow \zeta_N(-1) = 2N \\
&\Longleftrightarrow N^{-1}\zeta_N(-1) = 2 \\
&\underset{\text{関数等式}}{\Longleftrightarrow} \zeta_N(1) = 2.
\end{aligned}
$$

［**解答終**］

さて，井草ゼータからの解釈を与えることにしよう．井草ゼータの一番わかりやすい定義は，（有限生成）可換環 A に対して

$$
Z_A(s) = \sum_{n=1}^{\infty} |\mathrm{Hom}(A, \mathbb{Z}/(n))| n^{-s}
$$

である．ここで，Hom は環準同型全体を意味している．これは，代数学の教科書で『環』がでてくるところまで学習すれば誰でも理解できることであり，あとはいろいろな環 A について計算して井草ゼータに親しむことができる．

ちなみに，ハッセゼータは

$$
\zeta_A(s) = \exp\Bigl(\sum_{p:\text{素数}} \sum_{m=1}^{\infty} \frac{|\mathrm{Hom}(A, \mathbb{F}_{p^m})|}{m} p^{-ms} \Bigr)
$$

であって，定義の段階において『有限体全体』の理解（ふつうは，『環』より少し進んだ『体とガロア理論』で扱われる）が前提となっている．

このように，井草ゼータにはハッセゼータに似た面と異なった面があるために，比較しながら学習すると良い．

練習問題 4　$A=\mathbb{Z}/(N)$ のとき，次を示せ．

(1)　$Z_A(s)=\sum_{n|N} n^{-s}=\zeta_N(s)$.

(2)　$\zeta_A(s)=\prod_{p|N}(1-p^{-s})^{-1}$.

(3)　$Z_A(s)=\zeta_A(s) \Longleftrightarrow N=1$.

解答

(1)　$Z_A(s)=\sum_{n=1}^{\infty}|\mathrm{Hom}(\mathbb{Z}/(N),\mathbb{Z}/(n))|n^{-s}$

において

$$|\mathrm{Hom}(\mathbb{Z}/(N),\mathbb{Z}/(n))|=\begin{cases}1 \cdots n\mid N\\ 0 \cdots n\nmid N\end{cases}$$

であるから

$$Z_A(s)=\sum_{n|N} n^{-s}=\zeta_N(s).$$

(2)　$\zeta_A(s)=\exp\left(\sum_{p}\sum_{m=1}^{\infty}\frac{|\mathrm{Hom}(\mathbb{Z}/(N),\mathbb{F}_{p^m})|}{m}p^{-ms}\right)$

において

$$|\mathrm{Hom}(\mathbb{Z}/(N),\mathbb{F}_{p^m})|=\begin{cases}1 \cdots p\mid N\\ 0 \cdots p\nmid N\end{cases}$$

であるから

$$\begin{aligned}\zeta_A(s)&=\exp\left(\sum_{p|N}\sum_{m=1}^{\infty}\frac{1}{m}p^{-ms}\right)\\&=\prod_{p|N}(1-p^{-s})^{-1}.\end{aligned}$$

(3)　$N=1$ のときは $Z_A(s)=\zeta_A(s)=1$ である． $N\geqq 2$ のときは，$Z_A(s)$ は正則関数であるが，$\zeta_A(s)$ は $s=0$ に極をもつ．よって， $Z_A(s)=\zeta_A(s)\Longleftrightarrow N=1$.　　［**解答終**］

井草ゼータとハッセゼータの比較のために 2 例あげておこう：$A_m=\mathbb{Z}[T]/(T^m)$ とすると

(1) $m=1$ のとき $Z_{A_1}(s)=\zeta_{A_1}(s)=\zeta_{\mathbb{Z}}(s)$,

(2) $m=2$ のとき

$$Z_{A_2}(s)=\frac{\zeta_{\mathbb{Z}}(2s-1)\zeta_{\mathbb{Z}}(s-1)}{\zeta_{\mathbb{Z}}(2s)},$$
$$\zeta_{A_2}(s)=\zeta_{\mathbb{Z}}(s).$$

この 2 番目の例に違いが出てくるのは，$\mathbb{Z}/(n)$ はべき零元を認識できるが $\mathbb{F}_{p^m}$ は認識できない，というところに起因している．

10.2 代数的集合・スキームの井草ゼータ

$\mathbb{Z}$ 上の代数的集合・スキーム X に対する井草ゼータは

$$Z_X(s)=\sum_{n=1}^{\infty}|X(\mathbb{Z}/(n))|n^{-s}$$

と定まる．可換環 A によって $X=\mathrm{Spec}(A)$ と書けるときは前出の

$$Z_A(s)=\sum_{n=1}^{\infty}|\mathrm{Hom}(A,\mathbb{Z}/(n))|n^{-s}$$

と一致する．

ちなみに，ハッセゼータの方は

$$\zeta_X(s)=\exp\left(\sum_{p:\text{素数}}\sum_{m=1}^{\infty}\frac{|X(\mathbb{F}_{p^m})|}{m}p^{-ms}\right)$$

であって，$X=\mathrm{Spec}(A)$（A は可換環）の場合は

$$\zeta_A(s)=\exp\left(\sum_p\sum_{m=1}^{\infty}\frac{|\mathrm{Hom}(A,\mathbb{F}_{p^m})|}{m}p^{-ms}\right)$$

と一致している．

ゼータの意義は抽象概念を数量化して理解を深めるところにある．たとえば，融合積（第8章・第9章参照）は井草ゼータに対しては自然に相性良く

$$Z_{X_1}(s)*\cdots*Z_{X_r}(s)=Z_{X_1\times\cdots\times X_r}(s)$$

という積になっていて，わかりやすい畳み込みである．

井草ゼータのオイラー積表示とは

$$Z_X(s)=\prod_{p:\text{素数}}Z_X^p(s),$$

$$Z_X^p(s)=\sum_{k=0}^{\infty}|X(\mathbb{Z}/(p^k))|\,p^{-ks}$$

である．これは，ハッセゼータの場合に

$$\zeta_X(s)=\prod_{p:\text{素数}}\zeta_X^p(s),$$

$$\zeta_X^p(s)=\exp\left(\sum_{m=1}^{\infty}\frac{|X(\mathbb{F}_{p^m})|}{m}p^{-ms}\right)$$

となることに対応している．ここで，$\zeta_X^p(s)$ は合同ゼータに他ならない．$\zeta_X^p(s)$ が p^{-s} の有理関数となることは1960年にドボークによって証明された：

B.Dwork"On the rationality of the zeta function of an algebraic variety"［代数多様体のゼータ関数の有理関数性］Amer.J.Math. **82** (1960) 631-648.

より精密な結果――行列式表示――は1965年にグロタンディークのSGA5において証明されている．

一方，井草ゼータの場合には，$Z_X^p(s)$ が p^{-s} の有理関数となること（ドボークの結果に対応）は井草準一によって証明された：

J.Igusa“Complex powers and asymptotic expansions（Ⅰ）（Ⅱ）”［複素べきと漸近展開］（Ⅰ）Crelle J.Math. **268/269** (1974) 110–130；（Ⅱ）Crelle J.Math. **278/279** (1975) 307–321.

解説としては，

井草準一「局所ゼータ関数について」『数学』**46** (1994) 23–38

を是非一読されることをすすめたい．

なお，「$Z_X^p(s)$ は p^{-s} の有理関数」という予想はボレビッチ・シャファレビッチ『数論』に出ていたのであるが，井草先生がそのことを知ったのは 1974/1975 の論文を完成したあとにドボークから教えられたときであるとのことである．この有名な教科書はロシア語で 1964 年に出版され，英語版は

Z.I.Borevich and I.R.Shafarevich“Number Theory”［『数論』］(translated by Newcomb Greenleaf) Academic Press, 1966

である．問題の予想は英語版では第 1 章§5 の 47 ページに問題 9 として出ている．日本語版は 1971/1972 に吉岡書店から出版された（上・下）．また，ロシア語版が出てすぐ，モーデルが詳細な書評を書いている：

L.J.Mordell“Z.I.Borevich and I.R.Shafarevich, Number Theory (Moscow, 1964)” Bull.Amer.Math.Soc. **71** (1965) 580–586.

この教科書はゼータ研究にも欠かせない必読書である．

10.3　井草準一：1月のゼータ者

井草準一先生は1924年1月30日に群馬県清里村（現在は前橋市青梨子町）に生まれ，2013年11月24日（日本時間では25日）に米国ボルチモア市で亡くなられた．1953年に京都大学にて秋月康夫教授の下で博士号を得られた後，米国に渡り，ボルチモア市にあるジョンズ・ホプキンス大学の教授を長年勤められ，名誉教授となられた．

私の個人的思い出を先に書くと，井草ゼータが，ある場合には自然境界を持つことを論文

N.Kurokawa“Analyticity of Dirichlet series over prime powers”［素数べき上のディリクレ級数の解析性］Springer Lecture Notes in Math. **1434** (1990) 168－177

において証明して，井草先生に大変興味を持っていただき，とてもうれしかったことを覚えている．また，1990年3月1日–5月31日の三箇月間ジョンズ・ホプキンス大学に滞在（日米数学研究所JAMIのメンバーとして）した際には，井草先生の自宅に招待していただき美味しいワイン（井草先生はワインの目利きとして著名である）と楽しい会話の素晴らしい時間を過ごさせていただいたことは，昨日のことのようである．井草先生はJAMIの初代研究所長をされて，研究所に見事な成長をもたらされた．

数学研究の面では，代数幾何，数論幾何，ジーゲル保型形式，テータ関数，アーベル多様体のモジュライ，高次形式のゼータ関数，井草ゼータ関数，…と多大なる成果を挙げられた．惜しむらくは，日本語での単行本を書いていただきたかった．また，井草先生のところで学位を取得された日本人の学生としては，塩田徹治さん（1967年学位）や三宅敏恒さん（1969年学位）が有名である．

井草先生の書かれた単行本（いずれも英語）をいくつかあげておこう：

［1］ J.Igusa“Theta Functions”［『テータ関数』］Springer, 1972.

［2］ J.Igusa“Forms of Higher Degree”［『高次形式』］Tata Inst. of Fund. Research, 1978.

［3］ J.Igusa“An Introduction to the Theory of Local Zeta Functions”［『局所ゼータ関数論入門』］Amer.Math.Soc., 2000.

いずれも，各テーマについて深く研究する際には必須の根本教科書となている．

一言だけ追加すると，井草先生の名前は「井草凖一」であって，「井草準一」ではない．これは，先に引用した『数学』46巻の井草先生の論文を見れば確実にわかる．しかし，他の方による井草先生の講義ノートでも「準一」となっていたりして，検索するとほとんどが「準一」となっている．なかなか間違いは修正されないので注意されたい．

10.4　自然境界

井草ゼータが自然境界を持つ例はいろいろと構成できるが，次のような簡単な場合もそうである．

> **練習問題 5**　奇素数 ℓ に対して
>
> $$X=\{x \mid x^{\ell}=1\}$$
>
> とおく．井草ゼータ $Z_X(s)$ を求めよ．

解答

$$Z_X(s)=\prod_p Z_X^p(s),$$

$$Z_X^p(s)=1+\sum_{k=1}^{\infty}|X(\mathbb{Z}/(p^k))|\,p^{-ks}$$

において

$$Z_X^p(s)=\begin{cases}\dfrac{1+(\ell-1)p^{-s}}{1-p^{-s}} \cdots\ p\equiv 1 \bmod \ell, \\ \dfrac{1}{1-p^{-s}} \cdots p\neq\ell \text{ かつ } p\not\equiv 1 \bmod \ell, \\ \dfrac{1+(\ell-1)p^{-2s}}{1-p^{-s}} \cdots p=\ell \end{cases}$$

である．実際，$k\geqq 1$ に対して

$$\begin{aligned}|X(\mathbb{Z}/(p^k))|&=|\{x\in(\mathbb{Z}/(p^k))^\times \mid x^l=1\}|\\ &=\begin{cases}\ell\cdots\ p\equiv 1 \bmod \ell, \\ 1\ \cdots\ p\neq\ell \text{ かつ } p\not\equiv 1 \bmod \ell, \\ k=1 \text{ のとき } 1,\ k\geqq 2 \text{ のとき } \ell\ \cdots\ p=\ell\end{cases}\end{aligned}$$

となる．なぜなら，$p\neq 2$ のときは $(\mathbb{Z}/(p^k))^\times$ は位数 $(p-1)p^{k-1}$ の巡回群であるので，その中の位数 ℓ の元の個数を見れば良いし，$p=2$ のときは $(\mathbb{Z}/(2^k))^\times$ は位数 2^{k-1} の群（必ずしも巡回群とは限らない）なので位数 ℓ の元は無いのである．

このようにして

$$\begin{aligned}Z_X(s)&=\prod_p\frac{1}{1-p^{-s}}\times\prod_{\substack{p\equiv 1 \bmod \ell\\ p\neq\ell}}(1+(\ell-1)p^{-s})\times(1+(\ell-1)\ell^{-2s})\\ &=\zeta_{\mathbb{Z}}(s)\times\prod_{\substack{p\equiv 1 \bmod \ell\\ p\neq\ell}}(1+(\ell-1)p^{-s})\times(1+(\ell-1)\ell^{-2s})\end{aligned}$$

となる．これは，$\bmod \ell$ のディリクレ指標を $\chi_1,\cdots,\chi_{\ell-1}$ としたとき（$\ell-1$ 次の巡回群 $(\mathbb{Z}/(\ell))^\times$ の指標に対応している）

$$\begin{aligned}Z_X(s)=\zeta_{\mathbb{Z}}(s)\times&\prod_{p\neq\ell}(1+(\chi_1(p)+\cdots+\chi_{\ell-1}(p))p^{-s})\\ &\times(1+(\ell-1)\,\ell^{-2s})\end{aligned}$$

と書くことができる．　　　　［**解答終**］

応用　この問題の X に対して，$Z_X(s)$ の最後の表示を用い

ることにより，$Z_X(s)$ は $\mathrm{Re}(s)>0$ において解析接続可能であり有理型関数となるが，$\mathrm{Re}(s)=0$ を自然境界にもつこと（したがって，$\mathrm{Re}(s)\leqq 0$ には解析接続不可能）がわかる（黒川；本章で引用した1990年の論文および第8章・第9章参照）.

10.5　変形版

井草ゼータの変形版については，いろいろと考えることができるが，ここでは2009年の論文

N.Kurokawa and H.Ochiai"A multivariable Euler product of Igusa type and its applications"［井草型の多変数オイラー積とその応用］J.Number Theory **129** (2009) 1919－1930

に報告したものを解説する.

まず，環 A の井草ゼータ

$$Z_A(s)=\sum_{n=1}^{\infty}|\mathrm{Hom}(A,\mathbb{Z}/(n))|\,n^{-s}$$

の多変数版としては

$$Z_A(s_1,\cdots,s_r)=\sum_{n_1,\cdots,n_r\geqq 1}|\mathrm{Hom}(A,\mathbb{Z}/(n_1\cdots n_r))|\,n_1^{-s_1}\cdots n_r^{-s_r}$$

を考えることができる．これは，オイラー積表示をもつ：

$$Z_A(s_1,\cdots,s_r)=\prod_{p:\text{素数}}Z_A^p(s_1,\cdots,s_r),$$

$$Z_A^p(s_1,\cdots,s_r)=\sum_{k_1,\cdots,k_r\geqq 0}|\mathrm{Hom}(A,\mathbb{Z}/(p^{k_1+\cdots+k_r}))|\,p^{-(k_1s_1+\cdots+k_rs_r)}.$$

たとえば，$A=\mathbb{Z}$ のときに計算すると

$$\begin{aligned}Z_{\mathbb{Z}}^p(s_1,\cdots,s_r)&=\sum_{k_1,\cdots,k_r\geqq 0}p^{-(k_1s_1+\cdots+k_rs_r)}\\&=(1-p^{-s_1})^{-1}\cdots(1-p^{-s_r})^{-1}\end{aligned}$$

となるので，

$$Z_{\mathbb{Z}}(s_1,\cdots,s_r)=\zeta_{\mathbb{Z}}(s_1)\cdots\zeta_{\mathbb{Z}}(s_r)$$

である．

次に，A が群のときには

$$Z_A^{\text{group}}(s)=\sum_{n=1}^{\infty}|\mathrm{Hom}_{\text{group}}(A,\mathbb{Z}/(n))|\,n^{-s}$$

や多変数版

$$Z_A^{\text{group}}(s_1,\cdots,s_r)=\sum_{n_1,\cdots,n_r\geqq 1}|\mathrm{Hom}_{\text{group}}(A,\mathbb{Z}/(n_1\cdots n_r))|n_1^{-s_1}\cdots n_r^{-s_r}$$

を考えることができる．ただし，$\mathbb{Z}/(n)$ は加法群と考える．

たとえば，$A=\mathbb{Z}$（無限巡回群）ならば

$$\begin{aligned}Z_{\mathbb{Z}}^{\text{group}}(s)&=\sum_{n=1}^{\infty}|\mathrm{Hom}_{\text{group}}(\mathbb{Z},\mathbb{Z}/(n))|\,n^{-s}\\&=\sum_{n=1}^{\infty}n\cdot n^{-s}\\&=\zeta_{\mathbb{Z}}(s-1)\end{aligned}$$

となり，全く同じく

$$Z_{\mathbb{Z}}^{\text{group}}(s_1,\cdots,s_r)=\zeta_{\mathbb{Z}}(s_1-1)\cdots\zeta_{\mathbb{Z}}(s_r-1)$$

である．

練習問題 6　整数 $N\geqq 1$ に対して
$Z_{\mathbb{Z}/(N)}^{\text{group}}(s_1,\cdots,s_r)$ は $\mathbb{C}^r$ に解析接続可能であることを証明せよ．

解答 1　加法的に考える．

$$|\mathrm{Hom}_{\text{group}}(\mathbb{Z}/(N),\mathbb{Z}/(n_1\cdots n_r))|=(N,n_1\cdots n_r)$$

であるから

$$Z_{\mathbb{Z}/(N)}^{\text{group}}(s_1,\cdots,s_r)=\sum_{n_1,\cdots,n_r\geqq 1}(N,n_1\cdots n_r)n_1^{-s_1}\cdots n_r^{-s_r}$$

となる．ここで，$i=1,\cdots,r$ に対して

$$\begin{cases} n_i = \ell_i N + k_i, \\ \ell_i \geqq 0, \\ k_i = 1, \cdots, N \end{cases}$$

とおけば

$$\begin{aligned} Z^{\mathrm{group}}_{\mathbb{Z}/(N)}(s_1, \cdots, s_r) &= \sum_{\ell_1, \cdots, \ell_r \geqq 0} \sum_{k_1, \cdots, k_r = 1}^{N} (N, k_1 \cdots k_r)(N\ell_1 + k_1)^{-s_1} \\ &\qquad \cdots (N\ell_r + k_r)^{-s_r} \\ &= N^{-(s_1 + \cdots + s_r)} \sum_{k_1, \cdots, k_r = 1}^{N} (N, k_1 \cdots k_r) \\ &\qquad \times \left(\sum_{\ell_1, \cdots, \ell_r \geqq 0} \left(\ell_1 + \frac{k_1}{N} \right)^{-s_1} \cdots \left(\ell_r + \frac{k_r}{N} \right)^{-s_r} \right) \\ &= N^{-(s_1 + \cdots + s_r)} \sum_{k_1, \cdots, k_r = 1}^{N} (N, k_1 \cdots k_r) \\ &\qquad \times \zeta\left(s_1, \frac{k_1}{N}\right) \cdots \zeta\left(s_r, \frac{k_r}{N}\right) \end{aligned}$$

となる．ただし，

$$\zeta(s, x) = \sum_{n=0}^{\infty} (n + x)^{-s}$$

はフルビッツゼータ関数である．したがって $Z^{\mathrm{group}}_{\mathbb{Z}/(N)}(s_1, \cdots, s_r)$ は $(s_1, \cdots, s_r) \in \mathbb{C}^r$ 全体において解析的関数であることがわかる．

［**解答1終**］

解答2　乗法的に考える．オイラー積表示は

$$Z^{\mathrm{group}}_{\mathbb{Z}/(N)}(s_1, \cdots, s_r) = \prod_{p:\text{素数}} Z_p(s_1, \cdots, s_r),$$

$$\begin{aligned} &Z_p(s_1, \cdots, s_r) \\ &\quad = \sum_{k_1, \cdots, k_r \geqq 0} |\mathrm{Hom}_{\mathrm{group}}(\mathbb{Z}/(N), \mathbb{Z}/(p^{k_1 + \cdots + k_r}))| \, p^{-(k_1 s_1 + \cdots + k_r s_r)} \\ &\quad = \sum_{k_1, \cdots, k_r \geqq 0} (N, p^{k_1 + \cdots + k_r}) p^{-(k_1 s_1 + \cdots + k_r s_r)} \\ &\quad = \sum_{k_1, \cdots, k_r \geqq 0} p^{\min(\mathrm{ord}_p(N), k_1 + \cdots + k_r) - (k_1 s_1 + \cdots + k_r s_r)} \end{aligned}$$

となる．ここで，$p \nmid N$ のときは

$$Z_p(s_1, \cdots, s_r) = \sum_{k_1, \cdots, k_r \geqq 0} p^{-(k_1 s_1 + \cdots + k_r s_r)}$$
$$= (1-p^{-s_1})^{-1} \cdots (1-p^{-s_r})^{-1}$$

である．また，$p | N$ のときは

$$\begin{aligned} Z_p(s_1, \cdots, s_r) &= \sum_{k_1+\cdots+k_r \geqq \mathrm{ord}_p(N)} p^{\mathrm{ord}_p(N)} p^{-(k_1 s_1 + \cdots + k_r s_r)} \\ &\quad + \sum_{k_1+\cdots+k_r < \mathrm{ord}_p(N)} p^{k_1+\cdots+k_r} p^{-(k_1 s_1 + \cdots + k_r s_r)} \\ &= \sum_{k_1, \cdots, k_r \geqq 0} p^{\mathrm{ord}_p(N)} p^{-(k_1 s_1 + \cdots + k_r s_r)} \\ &\quad - \sum_{k_1+\cdots+k_r < \mathrm{ord}_p(N)} (p^{\mathrm{ord}_p(N)} - p^{k_1+\cdots+k_r}) p^{-(k_1 s_1 + \cdots + k_r s_r)} \\ &= (1-p^{-s_1})^{-1} \cdots (1-p^{-s_r})^{-1} \\ &\quad \times \Bigg\{ p^{\mathrm{ord}_p(N)} - (1-p^{-s_1}) \cdots (1-p^{-s_r}) \\ &\quad \times \sum_{k_1+\cdots+k_r < \mathrm{ord}_p(N)} (p^{\mathrm{ord}_p(N)} - p^{k_1+\cdots+k_r}) p^{-(k_1 s_1 + \cdots + k_r s_r)} \Bigg\} \end{aligned}$$

となる．したがって，オイラー積表示から

$$\begin{aligned} Z^{\mathrm{group}}_{\mathbb{Z}/(N)}(s_1, \cdots, s_r) &= \zeta_{\mathbb{Z}}(s_1) \cdots \zeta_{\mathbb{Z}}(s_r) \\ &\quad \times \prod_{p | N} \Bigg\{ p^{\mathrm{ord}_p(N)} - (1-p^{-s_1}) \cdots (1-p^{-s_r}) \\ &\quad \times \sum_{k_1+\cdots+k_r < \mathrm{ord}_p(N)} (p^{\mathrm{ord}_p(N)} - p^{k_1+\cdots+k_r}) p^{-(k_1 s_1 + \cdots + k_r s_r)} \Bigg\} \end{aligned}$$

を得る．これは $(s_1, \cdots, s_r) \in \mathbb{C}^r$ において解析的である．

［解答 2 終］

練習問題 7

$$Z^{\mathrm{group}}_{\mathbb{Z}/(N)}(\underbrace{0,\cdots,0}_{r\text{個}})=\left(-\frac{1}{2}\right)^r N$$

を示せ．

解答

練習問題6の解答2を用いると

$$\begin{aligned}Z^{\mathrm{group}}_{\mathbb{Z}/(N)}(0,\cdots,0)&=\zeta_{\mathbb{Z}}(0)^r\prod_{p\mid N}p^{\mathrm{ord}_p(N)}\\&=\left(-\frac{1}{2}\right)^r N\end{aligned}$$

と求まる．別の方法としては，練習問題6の解答1を用いて

$$\begin{aligned}Z^{\mathrm{group}}_{\mathbb{Z}/(N)}(0,\cdots,0)&=\sum_{k_1,\cdots,k_r=1}^{N}(N,k_1\cdots k_r)\zeta\left(0,\frac{k_1}{N}\right)\cdots\zeta\left(0,\frac{k_r}{N}\right)\\&=\sum_{k_1,\cdots,k_r=1}^{N}(N,k_1\cdots k_r)\left(\frac{1}{2}-\frac{k_1}{N}\right)\cdots\left(\frac{1}{2}-\frac{k_r}{N}\right)\end{aligned}$$

を計算しても良い．この後は

$$\begin{aligned}&\sum_{k_1,\cdots,k_{r-1}=1}^{N}\left(\frac{1}{2}-\frac{k_1}{N}\right)\cdots\left(\frac{1}{2}-\frac{k_{r-1}}{N}\right)\\&\qquad\times\left(\sum_{k_r=1}^{N-1}(N,k_1\cdots k_r)\left(\frac{1}{2}-\frac{k_r}{N}\right)-\frac{N}{2}\right)\\&=\sum_{k_1,\cdots,k_{r-1}=1}^{N}\left(\frac{1}{2}-\frac{k_1}{N}\right)\cdots\left(\frac{1}{2}-\frac{k_{r-1}}{N}\right)\\&\qquad\times\left(\frac{1}{2}\sum_{k_r=1}^{N-1}\left\{(N,k_1\cdots k_r)\left(\frac{1}{2}-\frac{k_r}{N}\right)\right.\right.\\&\qquad\qquad\left.\left.+(N,k_1\cdots k_{r-1}(N-k_r))\left(\frac{1}{2}-\frac{N-k_r}{N}\right)\right\}-\frac{N}{2}\right)\\&=-\frac{N}{2}\left(\sum_{k=1}^{N}\left(\frac{1}{2}-\frac{k}{N}\right)\right)^{r-1}\\&\overset{☆}{=}\left(-\frac{1}{2}\right)^r N\end{aligned}$$

となる．ただし，☆では

$$\sum_{k=1}^{N}\left(\frac{1}{2}-\frac{k}{N}\right)=\frac{1}{2}\sum_{k=1}^{N-1}\left\{\left(\frac{1}{2}-\frac{k}{N}\right)+\left(\frac{1}{2}-\frac{N-k}{N}\right)\right\}-\frac{1}{2}$$
$$=-\frac{1}{2}$$

を用いている． ［**解答終**］

練習問題 8

$Z^{\mathrm{group}}_{\mathbb{Z}/(N)}(\underbrace{s,\cdots,s}_{r\text{個}})$ の $s=1$ における r 位の極におけるローラン展開の先頭項を見ることによって等式

$$\frac{1}{N^r}\sum_{k_1,\cdots,k_r=1}^{N}(N,k_1\cdots k_r)=\prod_{p\mid N}\left\{\sum_{\ell=0}^{r}\left(\frac{1}{p}-1\right)^{\ell}\binom{-\mathrm{ord}_p(N)}{\ell}\right\}$$

を示せ．

解答

練習問題 6 の解答 1 の表示から

$$Z^{\mathrm{group}}_{\mathbb{Z}/(N)}(s,\cdots,s)=N^{-rs}\sum_{k_1,\cdots,k_r=1}^{N}(N,k_1\cdots k_r)\zeta\left(s,\frac{k_1}{N}\right)\cdots\zeta\left(s,\frac{k_r}{N}\right)$$

となるので，$s=1$ におけるローラン展開の先頭項係数は

$$\lim_{s\to1}(s-1)^r Z^{\mathrm{group}}_{\mathbb{Z}/(N)}(s,\cdots,s)=N^{-r}\sum_{k_1,\cdots,k_r=1}^{N}(N,k_1\cdots k_r)$$

となる．また，同じく解答 2 の表示から

$$\begin{aligned}&Z^{\mathrm{group}}_{\mathbb{Z}/(N)}(s,\cdots,s)\\&=\zeta_{\mathbb{Z}}(s)^r\prod_{p\mid N}\Big\{p^{\mathrm{ord}_p(N)}-(1-p^{-s})^r\\&\qquad\times\sum_{k_1+\cdots+k_r<\mathrm{ord}_p(N)}(p^{\mathrm{ord}_p(N)}-p^{k_1+\cdots+k_r})p^{-(k_1+\cdots+k_r)s}\Big\}\end{aligned}$$

となるので

$$\lim_{s\to1}(s-1)^r Z^{\mathrm{group}}_{\mathbb{Z}/(N)}(s,\cdots,s)$$

$$=\prod_{p\mid N}\left\{p^{\mathrm{ord}_p(N)}-(1-p^{-1})^r\times\sum_{k_1+\cdots+k_r<\mathrm{ord}_p(N)}(p^{\mathrm{ord}_p(N)-k_1-\cdots-k_r}-1)\right\}$$

を得る．よって，等式

$$\frac{1}{N^r}\sum_{k_1,\cdots,k_r=1}^{N}(N,k_1\cdots k_r)$$

$$=\prod_{p\mid N}\left\{p^{\mathrm{ord}_p(N)}-(1-p^{-1})^r\sum_{k_1+\cdots+k_r<\mathrm{ord}_p(N)}(p^{\mathrm{ord}_p(N)-k_1-\cdots-k_r}-1)\right\}$$

が成り立つ．

そこで，$m\geqq 1$ に対して

$$p^m-(1-p^{-1})^r\sum_{k_1+\cdots+k_r<m}(p^{m-k_1-\cdots-k_r}-1)=\sum_{\ell=0}^{r}\left(\frac{1}{p}-1\right)^{\ell}\binom{-m}{\ell}$$

が成立することを示せばよい（問題の等式は $m=\mathrm{ord}_p(N)$ で用いる）．これを $r\geqq 1$ についての帰納法で示そう．

まず，$r=1$ のときは

$$p^m-(1-p^{-1})\sum_{k=0}^{m-1}(p^{m-k}-1)=1+\left(1-\frac{1}{p}\right)m$$

で成立する．次に $r\geqq 2$ とすると r の場合は $r-1$ の場合から従うことが以下の変形でわかる：

$$\begin{aligned}
&p^m-(1-p^{-1})^r\sum_{k_1+\cdots+k_r<m}(p^{m-k_1-\cdots-k_r}-1)\\
&=p^m-(1-p^{-1})\sum_{k_r=0}^{m-1}(1-p^{-1})^{r-1}\\
&\qquad\times\sum_{k_1+\cdots+k_{r-1}<m-k_r}(p^{(m-k_r)-k_1-\cdots-k_{r-1}}-1)\\
&=p^m-(1-p^{-1})\sum_{k_r=0}^{m-1}\left\{p^{m-k_r}-\sum_{\ell=0}^{r-1}(p^{-1}-1)^{\ell}\binom{-m+k_r}{\ell}\right\}\\
&=1-\sum_{k_r=0}^{m-1}\sum_{\ell=0}^{r-1}(p^{-1}-1)^{\ell+1}\binom{-m+k_r}{\ell}\\
&\overset{☆☆}{=}1+\sum_{\ell=0}^{r-1}(p^{-1}-1)^{\ell+1}\binom{-m}{\ell+1}\\
&=\sum_{\ell=0}^{r}(p^{-1}-1)^{\ell}\binom{-m}{\ell}.
\end{aligned}$$

ただし，☆☆は

$$\sum_{k=0}^{m-1}\binom{-m+k}{\ell}=\sum_{k=0}^{m-1}\left\{\binom{-m+k+1}{\ell+1}-\binom{-m+k}{\ell+1}\right\}=-\binom{-m}{\ell+1}$$

を使っている．　　［**解答終**］

井草ゼータの世界は植物の世界と同様に広大であり，珍しい植物のように読者が発見・研究されるにふさわしいことがたくさんある．

◦◦ 2月 ◦◦

第11章 群ゼータ

ゼータの話においても群から来るゼータは多い．本章はそれらのいくつかを取り上げて話したい．とくに，ランダウが1903年に考えた群の共役類に関するゼータについて詳しく説明しよう．

ランダウは，師のフロベニウスからの流れを，ランダウの学生へと引き継ぐ役割も果たした．ランダウの学生には，コルンブルム，(ハラル) ボーア，ハイルブロン，オストロフスキー，ジーゲル，ワルフィッツと数多くのゼータ研究者が輩出している．また，ランダウの論文執筆や文献解説の正確さは徹底していて,『ランダウ全集』は数学の宝庫である．

11.1 群の類数

群の類数とは共役類の個数のことである．ランダウは1903年の論文

E.Landau“Über die Klassenzahl der binären quadratischen Formen von negative Discriminante” [判別式が負の2元2次形式の類数について] Math.Ann. **56** (1903) 671–676

において，判別式が負の2元2次形式のガウスの予想を証明（これは，現代的な言葉では類数1の虚2次体の決定に含まれる）するとともに，次のような有限群の類数問題も考察した．

練習問題1　整数 h に対して共役類が h 個となる有限群 G の同型類は高々有限個であることを証明せよ．さらに，$h=1,2,3$ のときに G の同型類をすべて求めよ．

解答　G の共役類 $\mathrm{Conj}(G)$ を

$$\mathrm{Conj}(G)=\{c(1),\cdots,c(h)\}$$

として，共役類への分割を

$$G=c(1)\sqcup\cdots\sqcup c(h)$$

とする．G の位数を n とすると

$$|c(1)|+\cdots+|c(h)|=n$$

となる．$c(j)$ の中心化群（内部自己同型群の作用による固定群）の位数を $\ell(j)$ とすると

$$|c(j)|=\frac{n}{\ell(j)}$$

となるので，等式

$$\frac{n}{\ell(1)}+\cdots+\frac{n}{\ell(h)}=n$$

を得る．したがって，

$$\frac{1}{\ell(1)}+\cdots+\frac{1}{\ell(h)}=1$$

である．

さて，（必要なら順番を付け変えることにより）

$$c(1)=[1]\ （単位元のみの共役類）$$

とし

$$n=\ell(1)\geqq\cdots\geqq\ell(h)\geqq 1$$

としておいても一般性を失わない．ここで，

$$\begin{aligned}\frac{h}{\ell(h)}&=\frac{1}{\ell(h)}+\cdots+\frac{1}{\ell(h)}\\&\geqq\frac{1}{\ell(1)}+\cdots+\frac{1}{\ell(h)}\\&=1\end{aligned}$$

であるから，

$$\ell(h) \leqq h$$

がわかる．その $\ell(h)$ を決めたあとで，$\ell(h-1)$，$\cdots, \ell(1)$ $(=n)$ について繰り返して同様に計算すると，解 $(\ell(1), \cdots, \ell(h))$ は高々有限組であることがわかる．とくに，$n\,(=\ell(1))$ は有限個の可能性しかない．各 n に対して，位数 n の群の同型類は有限個であるから，求める G の同型類は有限個のみであることがわかる．

次に，$h=1,2,3$ の場合に上記の計算を実行して G を求める．

(1)　$h=1$ の場合

このときは，等式

$$\frac{1}{\ell(1)}=1$$

より $n=\ell(1)=1$．よって，$G=\mathscr{C}_1$（位数 1 の群）の 1 個のみである．

(2)　$h=2$ の場合

このときは，等式

$$\frac{1}{\ell(1)}+\frac{1}{\ell(2)}=1$$

を $n=\ell(1) \geqq \ell(2) \geqq 1$ の条件下で解くことによって，

$$n=\ell(1)=\ell(2)=2$$

のみが解となる．よって，$G=\mathscr{C}_2$（位数 2 の巡回群）の 1 個のみである．

(3)　$h=3$ の場合

このときは，等式

$$\frac{1}{\ell(1)}+\frac{1}{\ell(2)}+\frac{1}{\ell(3)}=1$$

を$n=\ell(1)\geqq\ell(2)\geqq\ell(3)\geqq 1$の条件下で解くことによって，

$$(\ell(1),\ell(2),\ell(3))=\begin{cases}(3,3,3)\\(6,3,2)\\(4,4,2)\end{cases}$$

の3組の解がでてくる．

まず，$n=\ell(1)=\ell(2)=\ell(3)=3$のときは，位数3の巡回群$\mu_3$となる．

次に，$n=\ell(1)=6$のときは，位数6の3次対称群S_3とわかる．実際，$|c(1)|=1$, $|c(2)|=2$, $|c(3)|=3$である．

最後に，$n=\ell(1)=4$のときは，存在するとすれば位数4の群であり，アーベル群となる．しかし，そのときには$h=4$となってしまうので，この場合に対応する群Gは存在しない．

以上をまとめると，

$$\begin{cases}h=1\text{ となるのは } G=\mu_1,\\ h=2\text{ となるのは } G=\mu_2,\\ h=3\text{ となるのは } G=\mu_3,\ S_3\end{cases}$$

となる．　　　　　　　　　　　　　　　　　　　　　　　**［解答終］**

ここの計算を振り返ると，群Gの共役類ゼータ

$$\zeta_G^{\mathrm{Conj}}(s)=\sum_{c\in\mathrm{Conj}(G)}|c|^{-s}$$

が有効に使われていることがわかる．とくに，その特殊値として出てくるものが

$\zeta_G^{\mathrm{Conj}}(0)=|\mathrm{Conj}(G)|=h(G)$: 類数，

$\zeta_G^{\mathrm{Conj}}(-1)=|G|$: 位数

である：**例** $\zeta_{S_3}^{\mathrm{Conj}}(s)=1^{-s}+2^{-s}+3^{-s}$.

なお，群 G_1, G_2 に対する積構造

$$\zeta_{G_1\times G_2}^{\mathrm{Conj}}(s)=\zeta_{G_1}^{\mathrm{Conj}}(s)\zeta_{G_2}^{\mathrm{Conj}}(s)$$

も成立している．実際，

$$\begin{array}{ccc}\mathrm{Conj}(G_1\times G_2) & \overset{1:1}{\longleftrightarrow} & \mathrm{Conj}(G_1)\times\mathrm{Conj}(G_2)\\ \Cup & & \Cup \\ [(g_1,g_2)] & \longleftarrow\!\!\!\shortmid & ([g_1],[g_2])\end{array}$$

という自然な1対1対応（全単射）から，

$$\begin{aligned}\zeta_{G_1\times G_2}^{\mathrm{Conj}}(s)&=\sum_{c\in\mathrm{Conj}(G_1\times G_2)}|c|^{-s}\\&=\sum_{(c_1,\,c_2)\in\mathrm{Conj}(G_1)\times\mathrm{Conj}(G_2)}|c_1\times c_2|^{-s}\\&=\left(\sum_{c_1\in\mathrm{Conj}(G_1)}|c_1|^{-s}\right)\left(\sum_{c_2\in\mathrm{Conj}(G_2)}|c_2|^{-s}\right)\\&=\zeta_{G_1}^{\mathrm{Conj}}(s)\zeta_{G_2}^{\mathrm{Conj}}(s)\end{aligned}$$

を得る．とくに，$s=-1$ として類数の関係式

$$h(G_1\times G_2)=h(G_1)h(G_2)$$

がわかる．

群の共役類ゼータには表現付の L 関数を構成できることを注意しておこう．それには，G の表現

$$\rho: G\longrightarrow GL(n,\mathbb{C})\quad \text{群準同型}$$

に対して

$$\zeta_G^{\mathrm{Conj}}(s,\rho)=\sum_{c\in\mathrm{Conj}(G)}\mathrm{tr}(\rho(c))|c|^{-s}$$

と定義すれば良い．指標 $\mathrm{tr}(\rho)$ は類関数（共役類上の関数）になっているので，上の定義にあいまいさはない（“well-defined” である）．

練習問題 2　有限群 G の既約表現 ρ に対して

$$\zeta_G^{\mathrm{Conj}}(-1,\rho)=\begin{cases}|G| & \cdots\cdots\ \rho=\mathbb{1},\\ 0 & \cdots\cdots\ \rho\neq\mathbb{1}\end{cases}$$

を示せ．ただし，$\mathbb{1}$ は（1次元の）自明表現である．

解答

$$\begin{aligned}\zeta_G^{\mathrm{Conj}}(-1,\rho)&=\sum_{c\in\mathrm{Conj}(G)}\mathrm{tr}(\rho(c))|c|\\&=\sum_{g\in G}\mathrm{tr}(\rho(g))\\&=\sum_{g\in G}\mathrm{tr}(\rho(g))\overline{\mathrm{tr}(\mathbb{1}(g))}\end{aligned}$$

となる．

そこで，既約表現の（指標の）直交関係式

$$\frac{1}{|G|}\sum_{g\in G}\mathrm{tr}(\rho(g))\overline{\mathrm{tr}(\rho'(g))}=\begin{cases}1\cdots\rho\cong\rho' & （同値）\\ 0\cdots\rho\not\cong\rho' & （非同値）\end{cases}$$

を用いると

$$\zeta_G^{\mathrm{Conj}}(-1,\rho)=\begin{cases}|G|\cdots\rho=\mathbb{1}\\ 0\ \cdots\rho\neq\mathbb{1}\end{cases}$$

とわかる．［**解答終**］

ここで必要となる表現論については

黒川信重『ガロア理論と表現論：ゼータ関数への出発』日本評論社，2014年

にすべて証明付きで書かれている．なお，群の表現論は一般的にフロベニウスが1890年代から研究を開始したものである．

11.2　ランダウ：2月のゼータ者

ランダウは1877年2月14日にベルリンに生まれ，1938年2月19日にベルリンにおいて61歳で亡くなっている．学位は1899年にベルリン大学のフロベニウスの下で得ている．

ランダウの学生には，本書において何度も出てきたコルンブルム（合同ゼータの創始者），ジーゲル（リーマンのゼータ遺稿を解読，2次形式のゼータ研究，…），ワルフィッツ（ゼータの自然境界研究，…）の他に，ハラル・ボーア（ゼータ零点の研究者で概周期関数論の創始者：量子力学の創始者ニールス・ボーアの弟）やハイルブロン（ゼータから類数問題を研究，…）というゼータ研究者群が続いている．

とくに，ハラル・ボーア（1908年のロンドンオリンピックにサッカーのデンマーク代表として出場し銀メダル獲得）とランダウの1914年の共著論文はリーマン予想に接近した「ボーア・ランダウの定理」（$\zeta_{\mathbb{Z}}(s)$ の零点は $\mathrm{Re}(s)=\frac{1}{2}$ の近くに密集していること）を証明したものである．その詳細については

黒川信重・小山信也『リーマン予想の数理物理：ゼータ関数と分配関数』サイエンス社（SGCライブラリー**86**），2011年

の第2章§2.6「ボーア・ランダウの定理」を見られたい．

ランダウの業績には，11.1節で紹介した1903年の論文においてガウスの1801年の予想

$$「h(\varDelta)=1 \Longleftrightarrow \varDelta=-1,-2,-3,-7」$$

を証明した（2元2次形式の判別式 $\varDelta$ の類数 $h(\varDelta)$ に関する結果であるが，判別式と類数に現行のものとは違いがある：詳しくは，D.Goldfeld “Gauss’ class number problem for imaginary quadratic fields” Bull.Amer.Math.Soc.**13** (1985) 23–37を読まれたい）と同年に代数体の素イデアル定理（素数定理の代数体版）を証明したことをはじめとして，数多くの画期的成果があ

り，ゼータの研究が中核をなしている．

さらに，ランダウの特長は記述が厳密で正確である点にある．省略せずにすべてを書き切るという方針で，何冊もの信頼される教科書・専門書を書き上げた．とくに，

E.Landau "Handbuch der Lehre von der Verteilung der Primzahlen" [『素数分布論』] Teubner, 1909年 (2巻本，961ページ)

および

E.Landau "Vorlesung über Zahlentheorie" [『数論講義』] Leipzig, Hirzel, 1927年 (3巻本，1009ページ)

はゼータ研究には必携となってきたものである．

11.3 群のゼータいろいろ

群 G のゼータにはいろいろなものがある．それぞれに美しい花が咲いている．11.1節で紹介した共役類ゼータは，その一例である．

最も素朴な群ゼータは，(指数有限の) 部分群に関する和で構成されるゼータ

$$\zeta_G(s) = \sum_{\substack{H \subset G \\ \text{部分群（有限指数）}}} [G:H]^{-s}$$

である．

> **練習問題3**　無限巡回群 $(\mathbb{Z},+)$ のゼータ $\zeta_{(\mathbb{Z},+)}(s)$ を求めよ．

解答　$G=(\mathbb{Z},+)$ の部分群は

$$H = n\mathbb{Z} \ (n=0,1,2,\cdots)$$

で尽きる．指数 (index) は

$$[G:H]=\begin{cases} n \cdots n \geqq 1, \\ \infty \cdots n=0 \end{cases}$$

であるから

$$\begin{aligned}\zeta_{(\mathbb{Z},+)}(s) &= \sum_{n=1}^{\infty}[\mathbb{Z}:n\mathbb{Z}]^{-s} \\ &= \sum_{n=1}^{\infty} n^{-s} \\ &= \zeta_{\mathbb{Z}}(s)\end{aligned}$$

となる.　　　　　　　　　　　　　　　　　　　　**[解答終]**

この計算を続けると，単因子論を用いることにより，$r=1,2,3,\cdots$ に対して

$$\zeta_{(\mathbb{Z}^r,+)}(s)=\zeta_{\mathbb{Z}}(s)\zeta_{\mathbb{Z}}(s-1)\cdots\zeta_{\mathbb{Z}}(s-r+1)$$

となることが証明できる.

練習問題 4　N 次巡回群 $(\mathbb{Z}/(N),+)\cong \mu_N$ のゼータ $\zeta_{(\mathbb{Z}/(N),+)}(s)$ を求めよ.

解答

$$\begin{aligned}\zeta_{(\mathbb{Z}/(N),+)}(s) &= \zeta_{\mu_N}(s) \\ &= \sum_{H\subset \mu_N}[\mu_N : H]^{-s}\end{aligned}$$

において，H は N の約数 n に対する μ_n で尽きるので

$$\begin{aligned}\zeta_{(\mathbb{Z}/(N),+)}(s) &= \sum_{n|N}[\mu_N : \mu_n]^{-s} \\ &= \sum_{n|N}\left(\frac{N}{n}\right)^{-s}\end{aligned}$$

となるが，$\dfrac{N}{n}$ は N の約数全体を動くので

$$\zeta_{(\mathbb{Z}/(N),+)}(s)=\sum_{n|N} n^{-s}$$

となる.　　　　　　　　　　　　　　　　　　　　**[解答終]**

もちろん，これは第10章で解説した有限ゼータ

$$\zeta_N(s)=\sum_{n|N}n^{-s}$$

であり，同時に，井草ゼータ

$$Z_{\mathbb{Z}/(N)}(s)=\sum_{n|N}n^{-s}$$

である．

なお，このゼータについては積構造

$$\zeta_{G_1\times G_2}(s)=\zeta_{G_1}(s)\zeta_{G_2}(s)$$

は一般に不成立である（『ガロア理論と表現論』第5章§5.5「群の部分群のゼータ関数」参照）．たとえば，

$$\zeta_{\mu_2}(s)=1+2^{-s},$$
$$\zeta_{\mu_2\times\mu_2}(s)=1+3\cdot 2^{-s}+4^{-s}$$

より

$$\zeta_{\mu_2\times\mu_2}(s)\neq\zeta_{\mu_2}(s)\zeta_{\mu_2}(s)$$

である：

$$\zeta_{\mu_2\times\mu_2}(s)-\zeta_{\mu_2}(s)\zeta_{\mu_2}(s)=2^{-s}.$$

ただし，$(M,N)=1$ のときは

$$\zeta_{\mu_M\times\mu_N}(s)=\zeta_{\mu_M}(s)\zeta_{\mu_N}(s)$$

が成立する．ここで，

$$\zeta_{\mu_M\times\mu_N}(s)=\zeta_{\mu_{MN}}(s)$$

となっている．

発展問題　$\zeta_G(s)$ を解析接続せよ．

これは難問であり，$s\in\mathbb{C}$ 全体には解析接続不可能と証明できる具体的な G と $\zeta_G(s)$ の自然境界の存在が知られている（第8章の黒川の定理の方法）．

群 G のゼータとしては，ウィッテンゼータもある．これは

E.Witten “On quantum gauge theories in two dimensions ”［2次元量子ゲージ理論］Comm.Math.Phys. **141**（1991）153－209

において構成されたもので，コンパクト位相群（有限群も入る）Gに対して

$$\zeta_G^W(s)=\sum_{\rho\in\hat{G}}\deg(\rho)^{-s}$$

と定義される．ここで，$\hat{G}$はGの既約ユニタリ表現（すべて有限次元表現となる）の同値類全体であり，Gの双対（dual）と呼ばれる．

解説は『ガロア理論と表現論』第5章§5.4「ウィッテンによる群のゼータ関数」が詳しい．研究論文としては，

［1］N.Kurokawa and H.Ochiai “Zeros of Witten zeta functions and absolute limits”［ウィッテンゼータの零点と絶対極限］Kodai Math.J.**36**（2013）440－454

および

［2］J.González–Sánchez, A.Jaikin–Zapirain, and B.Klopsch “The representation zeta function of a FAb compact p–adic Lie group vanishes at－2”［FAbコンパクトp進リー群の表現ゼータは-2を零点にもつ］Bull.London Math.Soc.**46**（2014）239－244

を読むことをすすめる．

練習問題5　積構造

$$\zeta_{G_1\times G_2}^W(s)=\zeta_{G_1}^W(s)\zeta_{G_2}^W(s)$$

を示せ．

解答

$$\begin{array}{ccc} \widehat{G_1 \times G_2} & \stackrel{1:1}{\longleftrightarrow} & \hat{G}_1 \times \hat{G}_2 \\ \Cup & & \Cup \\ \rho_1 \boxtimes \rho_2 & \longleftarrow\!\!\shortmid & (\rho_1, \rho_2) \end{array}$$

という1対1対応を用いる．ここで，$\rho_1 \boxtimes \rho_2$ は

$$(\rho_1 \boxtimes \rho_2)(g_1, g_2) = \rho_1(g_1) \otimes \rho_2(g_2)$$

と定義される外テンソル積であり，

$$\deg(\rho_1 \boxtimes \rho_2) = \deg(\rho_1)\deg(\rho_2)$$

となる．また，$\otimes$ はクロネッカーテンソル積（Kronecker tensor product）であり，m 次正方行列 $A = (a_{ij})_{i,j=1,\cdots,m}$ と n 次正方行列 B に対して

$$A \otimes B = \begin{pmatrix} a_{11}B & \cdots & a_{1m}B \\ \vdots & & \vdots \\ a_{m1}B & \cdots & a_{mm}B \end{pmatrix}$$

と定義される．

　すると

$$\begin{aligned} \zeta^W_{G_1 \times G_2}(s) &= \sum_{\rho \in \widehat{G_1 \times G_2}} \deg(\rho)^{-s} \\ &= \sum_{(\rho_1, \rho_2) \in \hat{G}_1 \times \hat{G}_2} \deg(\rho_1 \boxtimes \rho_2)^{-s} \\ &= \sum_{(\rho_1, \rho_2) \in \hat{G}_1 \times \hat{G}_2} \deg(\rho_1)^{-s} \deg(\rho_2)^{-s} \\ &= \left(\sum_{\rho_1 \in \hat{G}_1} \deg(\rho_1)^{-s} \right) \left(\sum_{\rho_2 \in \hat{G}_2} \deg(\rho_2)^{-s} \right) \\ &= \zeta^W_{G_1}(s) \zeta^W_{G_2}(s) \end{aligned}$$

となって積構造が成立する．［**解答終**］

ウィッテンゼータの例

(1) $\zeta^W_{\mu_n}(s)=n.$

(2) $\zeta^W_{S_3}(s)=2+2^{-s}.$

(3) $\zeta^W_{\mathrm{SU}(2)}(s)=\sum_{n=1}^{\infty} n^{-s}=\zeta_{\mathbb{Z}}(s).$

確認しておこう．(1) の $\hat{\mu}_n$は

$$\hat{\mu}_n=\{\chi^m \mid m=1,\cdots,n\}$$

という n 個の既約表現（すべて 1 次元）からなる．ただし，

$$\mu_n=\{\alpha\in\mathbb{C} \mid \alpha^n=1\}$$

として

$$\chi(\alpha)=\alpha$$

と定める．よって，

$$\zeta^W_{\mu_n}(s)=\sum_{m=1}^{n}\deg(\chi^m)^{-s}=n.$$

(2) の $\hat{S}_3$ は

$$\hat{S}_3=\{\mathbb{1},\ \mathrm{sgn},\ \pi\}$$

となる（$\mathbb{1}$ は自明表現，sgn は符号表現，π は 2 次元既約表現で標準表現と呼ばれる）ので，

$$\zeta^W_{S_3}(s)=1^{-s}+1^{-s}+2^{-s}=2+2^{-s}.$$

(3) の $\widehat{\mathrm{SU}(2)}$ は

$$\widehat{\mathrm{SU}(2)}=\{\mathrm{Sym}^m \mid m=0,1,2,\cdots\}$$

であり，

$$\mathrm{Sym}^m:\mathrm{SU}(2)\longrightarrow\mathrm{SU}(m+1)$$

は m 次対称テンソル表現（次元は $m+1$）なので，

$$\zeta^{W}_{\mathrm{SU}(2)}(s)=\sum_{m=0}^{\infty}\deg(\mathrm{Sym}^{m})^{-s}$$
$$=\sum_{m=0}^{\infty}(m+1)^{-s}$$
$$=\zeta_{\mathbb{Z}}(s).$$

この他には，たとえば

$$\zeta^{W}_{\mathrm{SU}(3)}(s)=\sum_{m,n=1}^{\infty}\left(\frac{mn(m+n)}{2}\right)^{-s}$$

はすべての $s\in\mathbb{C}$ に対して有理型であることがわかる．

ウィッテンゼータの特殊値としては $s=-2$ の場合が特に興味深い．有限群 G に対しては

$$\zeta^{W}_{G}(-2)=\sum_{\rho\in\hat{G}}\deg(\rho)^{2}=|G|$$

となる．無限群 G に対しては

黒川・落合予想

無限群 G に対して $\zeta^{W}_{G}(-2)=0$

が上記の論文 [1] において提出されて，$G=\mathrm{SU}(2)$，$\mathrm{SU}(3)$，$\mathrm{SL}(2,\mathbb{Z}_p)$ の場合には確認されていた．この予想については，その後の研究が進み，実リー群の場合は小野寺一浩によって，p 進リー群の場合は上記の論文 [2] によって，それぞれ重要で本質的な場合（前者では $G=\mathrm{SU}(n)$ など，後者では $G=\mathrm{SL}(n,\mathbb{Z}_p)$ など）が証明され，ほぼ解決している．

さて，ウィッテンゼータにおける L 関数とは何かを考えてみよう．結論から言うと

$$\zeta^{W}_{G}(s,g)=\sum_{\rho\in\hat{G}}\hat{g}(\rho)\deg(\rho)^{-s}$$

が L 関数となる．ここで，$g \in G$ に対して

$$\hat{g}(\rho) = \frac{\mathrm{tr}(\rho(g))}{\deg(\rho)} \in \mathbb{C}$$

である．すると，積構造は

$$\zeta^{W}_{G_1 \times G_2}(s, (g_1, g_2)) = \zeta^{W}_{G_1}(s, g_1)\zeta^{W}_{G_2}(s, g_2)$$

の形で成立する．ただし，$g_1 \in G_1, g_2 \in G_2$ であり，積構造の証明は次の通り：

$$\zeta^{W}_{G_1 \times G_2}(s, (g_1, g_2)) = \sum_{\rho \in \widehat{G_1 \times G_2}} (\widehat{g_1, g_2})(\rho)\deg(\rho)^{-s}$$

$$= \sum_{\rho \in \widehat{G_1 \times G_2}} \frac{\mathrm{tr}(\rho(g_1, g_2))}{\deg(\rho)} \deg(\rho)^{-s}$$

$$= \sum_{(\rho_1, \rho_2) \in \hat{G}_1 \times \hat{G}_2} \frac{\mathrm{tr}((\rho_1 \boxtimes \rho_2)(g_1, g_2))}{\deg(\rho_1 \boxtimes \rho_2)} \deg(\rho_1 \boxtimes \rho_2)^{-s}$$

$$= \sum_{(\rho_1, \rho_2) \in \hat{G}_1 \times \hat{G}_2} \frac{\mathrm{tr}(\rho_1(g_1) \otimes \rho_2(g_2))}{\deg(\rho_1)\deg(\rho_2)} \deg(\rho_1)^{-s}\deg(\rho_2)^{-s}$$

$$= \sum_{(\rho_1, \rho_2) \in \hat{G}_1 \times \hat{G}_2} \frac{\mathrm{tr}(\rho_1(g_1))\mathrm{tr}(\rho_2(g_2))}{\deg(\rho_1)\deg(\rho_2)} \deg(\rho_1)^{-s}\deg(\rho_2)^{-s}$$

$$= \left(\sum_{\rho_1 \in \hat{G}_1} \frac{\mathrm{tr}(\rho_1(g_1))}{\deg(\rho_1)} \deg(\rho_1)^{-s}\right) \times \left(\sum_{\rho_2 \in \hat{G}_2} \frac{\mathrm{tr}(\rho_2(g_2))}{\deg(\rho_2)} \deg(\rho_2)^{-s}\right)$$

$$= \left(\sum_{\rho_1 \in \hat{G}_1} \hat{g}_1(\rho_1)\deg(\rho_1)^{-s}\right) \times \left(\sum_{\rho_2 \in \hat{G}_2} \hat{g}_2(\rho_2)\deg(\rho_2)^{-s}\right)$$

$$= \zeta^{W}_{G_1}(s, g_1)\zeta^{W}_{G_2}(s, g_2).$$

さらに，有限群 G に対しては

$$\zeta^{W}_{G}(-2, g) = \begin{cases} |G| & \cdots \ g = 1, \\ 0 & \cdots \ g \neq 1 \end{cases}$$

となる．実際，これは

$$
\begin{aligned}
\zeta_G^W(-2,g) &= \sum_{\rho\in\hat{G}} \hat{g}(\rho)\deg(\rho)^2 \\
&= \sum_{\rho\in\hat{G}} \frac{\mathrm{tr}(\rho(g))}{\deg(\rho)}\deg(\rho)^2 \\
&= \sum_{\rho\in\hat{G}} \mathrm{tr}(\rho(g))\deg(\rho) \\
&= \sum_{\rho\in\hat{G}} \mathrm{tr}(\rho(g))\mathrm{tr}(\rho(1))
\end{aligned}
$$

としておいて直交関係式を用いることによって

$$
\zeta_G^W(-2,g) = \begin{cases} |G| & \cdots\ g=1, \\ 0 & \cdots\ g\neq 1 \end{cases}
$$

が得られるのである．

このように，群ゼータは多様性を持っていて，しかも，解明されていない領域も広い．

第12章 零和時代

零和構造とはゼータの零点や極に対する構造である．本当は重要な構造なのであるが，今からちょうど30年前の1990年に黒川が「黒川テンソル積」で強調して以来は一向に取り上げられることはない．ところが，それは，潜在的にせよ明示的にせよ，合同ゼータのリーマン予想の証明において鍵となった構造であり，その場合の零和構造の証明はグロタンディークのSGA5(1965年)から導かれる．

ゼータにもたくさんの種類があり，美しく咲きほこる植物から，ひっそりとたたずんでいる名も無きものまで，各々が多様な生を送っている．この最終章では，零和構造の視点からゼータ世界を眺めてみよう．雨がゼータ植物にとって恵となる如く，令和時代は零和構造が注目される時代になることを期待しよう：雨＋令＝零．

12.1　零和構造とは何か

零和（レイワ）構造とは，ゼータ $Z_1(s)$，$Z_2(s)$，$Z_{12}(s)$に対して

$$Z_1(\alpha)=0,\ Z_2(\beta)=0 \Longrightarrow Z_{12}(\alpha+\beta)=0$$

が成立することを言う．正則関数のときは，これで充分であるが，ゼータには有理型関数も多いので，少し拡大して，

$$\boxed{Z_1(\alpha)=0,\infty,\ Z_2(\beta)=0,\infty \Longrightarrow Z_{12}(\alpha+\beta)=0,\infty}$$

が成立しているときも「零和構造」が存在すると考えた方が便利である．

零和構造の最もわかりやすい例はオイラーによるものであり，

$$Z_1(s)=Z_2(s)=Z_{12}(s)=1-e^{2\pi is}$$

のとき

$$Z_1(\alpha)=0,\ Z_2(\beta)=0 \Longrightarrow Z_{12}(\alpha+\beta)=0$$

となることである．これは，

$$e^{2\pi i\alpha}=1,\ e^{2\pi i\beta}=1 \Longrightarrow e^{2\pi i(\alpha+\beta)}=1$$

と同じことであり，指数関数の加法公式

$$e^{2\pi i(\alpha+\beta)}=e^{2\pi i\alpha}e^{2\pi i\beta}$$

から出ることである．もちろん，この場合には

$$1-e^{2\pi is}=0 \Longleftrightarrow s\in\mathbb{Z}$$

が成立しているので

$$\alpha,\beta\in\mathbb{Z} \Longrightarrow \alpha+\beta\in\mathbb{Z}$$

という，$\mathbb{Z}$ の加法構造（群構造）にもなっている．また，

$$1-e^{2\pi is}=\sin(\pi s)\times(-2ie^{\pi is})$$

となっているので，零和構造としては

$$Z_1(s)=Z_2(s)=Z_{12}(s)=\sin(\pi s)$$

に対する

$$Z_1(\alpha)=0,\ Z_2(\beta)=0 \Longrightarrow Z_{12}(\alpha+\beta)=0$$

と考えても同じことである．

したがって，自然に三角関数の一般化――多重三角関数――にも興味が魅かれることになる．

この考えは“多重ゼータ関数（multiple zeta function）”および“多重三角関数（multiple sine function）”として黒川が今から30年前の1990年8月に東京で開催された国際研究集会で報告した．それは報告集に論文（1990年10月付）

N.Kurokawa "Multiple zeta functions : an example" ［多重ゼータ関数：一例］ Advanced Studies in Pure Mathematics **21** (1992) 219-226

として載っている（無料でダウンロードできる）．

そこでは，r 個のゼータ

$$Z_i(s)=\prod_{\rho\in\mathbb{C}}(s-\rho)^{m_i(\rho)},$$

$$m_i:\mathbb{C}\longrightarrow\mathbb{Z}\quad(i=1,\cdots,r)$$

から「黒川テンソル積」(多重ゼータ関数)

$$Z_1(s)\otimes\cdots\otimes Z_r(s)=\prod_{\rho_1,\cdots,\rho_r\in\mathbb{C}}(s-(\rho_1+\cdots+\rho_r))^{m(\rho_1,\cdots,\rho_r)},$$

$$m(\rho_1,\cdots,\rho_r)=m_1(\rho_1)\cdots m_r(\rho_r)\times\begin{cases}1 & \cdots\operatorname{Im}(\rho_1),\cdots,\operatorname{Im}(\rho_r)\geqq 0,\\ (-1)^{r-1} & \cdots\operatorname{Im}(\rho_1),\cdots,\operatorname{Im}(\rho_r)<0,\\ 0 & \cdots\text{その他}\end{cases}$$

を構成している．ここで $\prod$ はゼータ正規化積であり，12.3 節を見られたい．また，例として，多重三角関数の計算や，（ある条件下の）$M,N>1$ に対して

$$\begin{aligned}&(1-M^{-s})\otimes(1-N^{-s})\\&=\exp\Big(\frac{1}{2i}\sum_{m=1}^{\infty}\frac{1}{m}\cot\Big(\pi\frac{m\log M}{\log N}\Big)M^{-ms}\\&\qquad+\frac{1}{2i}\sum_{n=1}^{\infty}\frac{1}{n}\cot\Big(\pi\frac{n\log N}{\log M}\Big)N^{-ns}\\&\qquad+\frac{1}{2}\log(1-M^{-s})+\frac{1}{2}\log(1-N^{-s})+Q(s)\Big)\end{aligned}$$

が $\operatorname{Re}(s)>0$ で成立すること（$Q(s)$ は s の 2 次式）が報告されている．さらに，$\zeta_{\mathbb{Z}}(s)$ の関係する $\zeta_{\mathbb{Z}}(s)\otimes\Gamma_r(s)$ などにも触れているが，そこでは，ちょうど 100 年前の零点研究論文

H.Cramér "Studien über die Nullstellen der Riemannschen Zetafunction" ［リーマンゼータ関数の零点研究］ Math.Zeit.

4 (1919) 104−130

が重要となる.

なお,「黒川テンソル積 (Kurokawa tensor product)」の名付けはマニンさん (1937年2月16日ロシア生まれ；1960年にシャファレビッチの下で学位取得, 弟子にはドリンフェルト, ベイリンソン, コリバギン, ショクロフ,…) の講義録

Yu.I.Manin "Lectures on zeta functions and motives (according to Deninger and Kurokawa)" [ゼータ関数とモチーフ講義 (デニンガーと黒川にちなんで)] Asterisque **228** (1995) 121−163

である. この講義録は黒川テンソル積およびその例としての多重三角関数論についてのバイブルの役を果たしている. 一元体 $\mathbb{F}_1$ を用いる絶対数学への良い導入にもなっている. 実際, 黒川テンソル積は $\mathbb{F}_1$ 上のテンソル積 (絶対テンソル積) を目指していると考えるのが妥当である.

このように, いくつかのゼータから, それらの零点や極の和が新しいゼータの零点や極になるように構成することが零和構造の考え方であり, それによって未知のゼータの世界へ導かれるのである. その方向に「クロネッカー青春の夢」もある.

12.2　アッペル (1882年)

アッペルは1882年の論文

P.Appell "Sur use class de fonctions analogues aux fonctions Eulériennes" [オイラー関数の類似関数] Math.Ann. **19** (1882) 84−102

において

$$O_r(s,(q(1),\cdots,q(r)))=\prod_{n(1),\cdots,n(r)\geqq 0}(1-e^{2\pi is}q(1)^{n(1)}\cdots q(r)^{n(r)})$$

というオー関数を考えた．ここで，$0<|q(1)|,\cdots,\ |q(r)|<1$ であり，$O_r(s,(q(1),\cdots,q(r)))$ は $s\in\mathbb{C}$ 全体で正則関数となる．簡単な場合は，オイラーが考えていたように

$$O_0(s)=1-e^{2\pi is}$$

や

$$O_1(s,q)=\prod_{n=0}^{\infty}(1-e^{2\pi is}q^n)$$

である．オー関数における零和構造を確認しよう．

練習問題 1

$$Z_1(s)=O_r(s,(q(1),\cdots,q(r))),$$
$$Z_2(s)=O_{r'}(s,(q'(1),\cdots,q'(r'))),$$
$$Z_{12}(s)=O_{r+r'}(s,(q(1),\cdots,q(r),q'(1),\cdots,q'(r')))$$

とするとき零和構造

$$Z_1(\alpha)=0,\ Z_2(\beta)=0 \Longrightarrow Z_{12}(\alpha+\beta)=0$$

が成立することを証明せよ．

解答

$Z_1(\alpha)=0$ なら

$$1-e^{2\pi i\alpha}q(1)^{n(1)}\cdots q(r)^{n(r)}=0$$

となる $n(1),\cdots,n(r)\geqq 0$ が存在する．したがって，

$$e^{2\pi i\alpha}q(1)^{n(1)}\cdots q(r)^{n(r)}=1.$$

同様に，$Z_2(\beta)=0$ なら

$$e^{2\pi i\beta}q'(1)^{n'(1)}\cdots q'(r')^{n'(r')}=1$$

となる $n'(1),\cdots,n'(r')\geqq 0$ が存在する．よって，掛け合わせて

$$e^{2\pi i(\alpha+\beta)}q(1)^{n(1)}\cdots q(r)^{n(r)}q'(1)^{n'(1)}\cdots q'(r')^{n'(r')}=1$$

を得る．したがって，$Z_{12}(\alpha+\beta)=0$. ［**解答終**］

12.3　バーンズ（1904年）

アッペルの1882年の論文の後，バーンズは1904年に多重ガンマ関数論を構築した：

E.W.Barnes"On the theory of the multiple gamma function"［多重ガンマ関数論］Trans.Camb.Philos.Soc.**19**(1904) 374-425.

歴史を含めた解説としては

黒川信重『現代三角関数論』岩波書店，2013年

を読まれたい（これは，黒川テンソル積の解説も与えている）.

正規化された多重ガンマ関数は

$$\Gamma_r(s,(\omega(1),\cdots,\omega(r)))$$
$$=\left(\prod_{n(1),\cdots,n(r)\geqq 0}(s+n(1)\omega(1)+\cdots+n(r)\omega(r))\right)^{-1}$$

である．ただし，右辺はゼータ正規化積であり，アッペルの場合は普通の積でよかったのと違い，その分だけ難しくなっている：ここでは，$\omega(1),\cdots,\omega(r)>0$ としておこう（この条件はゆるめられる）.

さて，ゼータ正規化積 $\prod_{\lambda\in\Lambda}\lambda$ は

$$\prod_{\lambda\in\Lambda}\lambda=\exp(-\zeta'_\Lambda(0))$$

と定められる．ここで，

$$\zeta_\Lambda(w)=\sum_{\lambda\in\Lambda}\lambda^{-w}$$

はゼータ関数（変数は w）である．たとえば

$$\prod_{n=1}^{\infty}n=\sqrt{2\pi}$$

はリーマンの計算であり，

$$\zeta'(0) = -\frac{1}{2}\log(2\pi)$$

を意味している．

　このようにしておくと，

$\Gamma_r(s,(\omega(1),\cdots,\omega(r)))^{-1}$ は $s \in \mathbb{C}$ の正則関数となる．たとえば，

$$\Gamma_1(s,\omega)^{-1} = \frac{\sqrt{2\pi}}{\Gamma\left(\frac{s}{\omega}\right)}\omega^{\frac{1}{2}-\frac{s}{\omega}}$$

である（レルヒの公式，1894 年）である．零和構造は次の通りである．

練習問題 2

$Z_1(s) = \Gamma_r(s,(\omega(1),\cdots,\omega(r)))^{-1}$,

$Z_2(1) = \Gamma_{r'}(s,(\omega'(1),\cdots,\omega'(r')))^{-1}$,

$Z_{12}(s) = \Gamma_{r+r'}(s,(\omega(1),\cdots,\omega(r),\omega'(1),\cdots,\omega'(r')))^{-1}$

とするとき零和構造

$$Z_1(\alpha) = 0,\ Z_2(\beta) = 0 \Longrightarrow Z_{12}(\alpha+\beta) = 0$$

が成立することを証明せよ．

解答　$Z_1(\alpha) = 0$ なら

$$\alpha + n(1)\omega(1) + \cdots + n(r)\omega(r) = 0$$

となる $n(1),\cdots,n(r) \geqq 0$ が存在する．同じく，$Z_2(\beta) = 0$ なら

$$\beta + n'(1)\omega'(1) + \cdots + n'(r')\omega'(r') = 0$$

となる $n'(1),\cdots,n'(r') \geqq 0$ が存在する．よって，足し合わせて

$$(\alpha+\beta) + n(1)\omega(1) + \cdots + n(r)\omega(r) + n'(1)\omega'(1) + \cdots + n'(r')\omega'(r') = 0$$

を得る．したがって，$Z_{12}(\alpha+\beta) = 0$.　　［**解答終**］

12.4　零和とテンソル積

わかりやすくするために，m 次実交代行列 A に対して

$$Z_A(s)=\det(sI_m-A)$$

とおく．ここで，I_m は m 次単位行列である．

練習問題 3
次を示せ．
(1)　$Z_A(-s)=(-1)^m Z_A(s)$．［関数等式］
(2)　$Z_A(s)=0 \Longrightarrow \mathrm{Re}(s)=0$．［リーマン予想］

解答

(1)
$$\begin{aligned} Z_A(-s) &= \det(-sI_m-A) \\ &= \det(-sI_m+{}^tA) \\ &= \det(-{}^t(sI_m-A)) \\ &= (-1)^m \det(sI_m-A) \\ &= (-1)^m Z_A(s). \end{aligned}$$

(2) $Z_A(s)=0$ なら s は A の固有値であり，実交代行列 A の固有値は純虚数であるから $\mathrm{Re}(s)=0$ となる．　［**解答終**］

いま，m 次実交代行列 A と n 次実交代行列 B に対して

$$A \star B = A\otimes I_n + I_m \otimes B$$

をクロネッカーテンソル和 (Kronecker tensor sum；$\otimes$ はクロネッカーテンソル積) とする．これは，mn 次の実交代行列となる．

練習問題 4　次の零和構造を示せ．

$$Z_A(\alpha)=0,\ Z_B(\beta)=0 \Longrightarrow Z_{A\star B}(\alpha+\beta)=0.$$

解答

$$Z_A(s)=\prod_{\alpha}(s-\alpha),$$
$$Z_B(s)=\prod_{\beta}(s-\beta)$$

とすると

$$Z_{A\star B}(s)=\prod_{\alpha,\beta}(s-(\alpha+\beta))$$

となる．その証明は

黒川信重『リーマンの夢』現代数学社，2018 年

黒川信重『リーマンと数論』共立出版，2016 年

にある．したがって，

$$Z_A(\alpha)=0,\ Z_B(\beta)=0 \Longrightarrow Z_{A\star B}(\alpha+\beta)=0$$

が成り立つ．　　　　　　　　　　　　　　　　　　　　［解答終］

12.5　合同ゼータと零和構造

合同ゼータの零和構造は明快である．

> **定理**（グロタンディーク，1965 年）
>
> X,Y を $\mathbb{F}_q$ 上の非特異射影的多様体とするとき，次の零和構造が成立する：
>
> $$\left.\begin{array}{l}\zeta_{X/\mathbb{F}_q}(\alpha)=0,\infty \\ \zeta_{Y/\mathbb{F}_q}(\beta)=0,\infty\end{array}\right\} \Longrightarrow \zeta_{X\times Y/\mathbb{F}_q}(\alpha+\beta)=0,\infty.$$

証明　X,Y は $\mathbb{F}_q$ 上の非特異射影多様体なので（一般化することができる），グロタンディークの行列式表示（SGA5，1965 年）より

$$\zeta_{X/\mathbb{F}_q}(s)=\prod_{i=0}^{2\cdot\dim(X)}\det(1-q^{-s}\mathrm{Frob}_q\,|\,H^i(\overline{X}))^{(-1)^{i+1}},$$

$$\zeta_{Y/\mathbb{F}_q}(s)=\prod_{j=0}^{2\cdot\dim(Y)}\det(1-q^{-s}\mathrm{Frob}_q\,|\,H^j(\overline{Y}))^{(-1)^{j+1}},$$

$$\zeta_{X\times Y/\mathbb{F}_q}(s)=\prod_{m=0}^{2\cdot\dim(X\times Y)}\det(1-q^{-s}\mathrm{Frob}_q\,|\,H^m(\overline{X\times Y}))^{(-1)^{m+1}},$$

となっている．いま，$\zeta_{X/\mathbb{F}_q}(\alpha)=0,\infty$ なら q^α は $\mathrm{Frob}_q\,|\,H^i(\overline{X})$ の固有値であり，$\zeta_{Y/\mathbb{F}_q}(\beta)=0,\infty$ なら q^β は $\mathrm{Frob}_q\,|\,H^j(\overline{Y})$ の固有値である．ここで，i,j は $0\leqq i\leqq 2\cdot\dim(X)$，$0\leqq j\leqq 2\cdot\dim(Y)$ をみたしている．よって，$q^{\alpha+\beta}$ は $\mathrm{Frob}_q\,|\,H^i(\overline{X})\otimes H^j(\overline{Y})$ の固有値である．キュネットの公式（Künneth，1892年7月6日–1975年5月7日の1922年の学位論文“Über die Bettischen Zahlen einer Produktmannigfaltigkeit”［積多様体のベッチ数］に因んだ命名であり，さまざまな一般化や類似物を指す）により，$i+j=m$ とすると

$$H^i(\overline{X})\otimes H^j(\overline{Y})\subset H^m(\overline{X\times Y})$$

は部分空間（直和因子）であり，$q^{\alpha+\beta}$ は $\mathrm{Frob}_q\,|\,H^m(\overline{X\times Y})$ の固有値となる．したがって

$$\zeta_{X\times Y/\mathbb{F}_q}(\alpha+\beta)=0,\infty$$

が成立する．　**（証明終）**

ここで，$\zeta_{X\times Y/\mathbb{F}_q}(s)$ の分子と分母では零点・極の打ち消し合い（キャンセル）が起こらないこと（結果的には正しい）を暗黙に用いている：有理型関数一般の場合には注意する必要がある（12.7節を見よ）．

この証明から見える通り，合同ゼータが q^{-s} の有理関数になるという結果だけでは零和構造には不充分である．この意味で，零和構造を証明できるか否かは，ゼータの解析接続法に依存するわけであり，合同ゼータの場合にはグロタンディークの行列

式表示が必要だったのである．行列式表示はゼータのDNA描像である．

12.6　グロタンディーク：3月のゼータ者

グロタンディークは1928年3月28日に生まれ，2014年11月13日に亡くなった．1950年代末に合同ゼータのリーマン予想（ヴェイユ予想と呼ばれていた）を解決するプログラム（EGA）を作り，1960年代にEGA1，EGA2，EGA3，EGA4，SGA1，SGA2，SGA3，SGA4，SGA5，SGA6，SGA7を書き上げ（協力者たちとともに），発表した：EGAが1500ページ，SGAが6500ページの総計8000ページほど．本来は，EGAはEGA13まで予定されていて，最終巻のEGA13（この全13巻とはユークリッド『原論』全13巻に因むとのこと）において，合同ゼータのリーマン予想の証明が達成されるという計画であった．

とくに，SGA5（1965年）において合同ゼータの行列式表示の証明を完成した（1964年のSGA4では，その行列式表示に必要となるエタールコホモロジーを用意した）．なお，SGA5は現在では次の形で出版されている：

"Cohomologie ℓ–adique et Fonctions L (SGA5)" [ℓ進コホモロジーとL関数] Springer Lecture Notes in Math. **589** (1979) 484 pages, dirigé par A.Grothendieck avec la collaboration de I.Bucur, C.Houzel, L.Illusie, J.-P.Jouanolou et J.-P.Serre.

この中で，行列式表示は

C.Houzel "Morphisme de Frobenius et rationalité de la fonction L" [フロベニウス写像とL関数の有理関数性] (442–480ページ)

において証明されている．担当となったChristian Houzelは1937年5月21日生まれであり，SGA5当時は20歳台であった．

ところで，グロタンディークの弟子のドリーニュが合同ゼータのリーマン予想を証明した論文（第2章参照）を出版したのは1974年であり，その核心は零和構造であった．簡単に，その証明の流れを見ると（X は非特異射影的とする），次の(A)(B)の2段階に分かれている．

(A) $\zeta_{X/\mathbb{F}_q}(\alpha)=0,\infty$ のとき，q^{α} が $\mathrm{Frob}_q\,|\,H^k(\overline{X})$ の固有値となるような $k\,(k=0,1,\cdots,2\dim(X))$ が存在して

$$\frac{k-1}{2}\leqq \mathrm{Re}(\alpha)\leqq\frac{k+1}{2}.$$

(B) $\zeta_{X/\mathbb{F}_q}(\alpha)=0,\infty$ なら

$$\mathrm{Re}(\alpha)\in\left\{\frac{k}{2}\,\middle|\,k=0,1,\cdots,2\dim(X)\right\}.$$

方針は，まず，(A)を一般の $X\,(\overline{X}=X\otimes\overline{\mathbb{F}}_q)$ に対して証明する．これは $\zeta_{\mathbb{Z}}(s)$ の虚の零点 α の類似で言うと $0\leqq\mathrm{Re}(\alpha)\leqq1$ という評価（$k=1$ に当たる）であり，関数等式とオイラー積表示から出る内容である．次に，(B)は本来の合同ゼータ版のリーマン予想であり，$\zeta_{\mathbb{Z}}(s)$ の類似では $\zeta_{\mathbb{Z}}(s)$ の虚の零点 α に対して $\mathrm{Re}(\alpha)=\frac{1}{2}$ ということに当たる．そこで，$\zeta_{X/\mathbb{F}_q}(\alpha)=0,\infty$ として，q^{α} が $\mathrm{Frob}_q\,|\,H^k(\overline{X})$ の固有値となる $k=0,1,\cdots,2\dim(X)$ をとる．すると，零和構造により（今の場合は特別なときのみで良い）$\zeta_{X^{\otimes m}}(m\alpha)=0,\infty$ が $m=1,2,3,\cdots$ に対して成立する．また，$q^{m\alpha}$ は $\mathrm{Frob}_q\,|\,H^k(\overline{X})^{\otimes m}$ の固有値となるので，キュネットの公式により $q^{m\alpha}$ は $\mathrm{Frob}_q\,|\,H^{mk}(\overline{X}^{\otimes m})$ の固有値となる．したがって，(A)より

$$\frac{mk-1}{2} \leqq \mathrm{Re}(m\alpha) \leqq \frac{mk+1}{2} \quad (m=1,2,3,\cdots)$$

が成立する．よって，m で割って

$$\frac{k}{2}-\frac{1}{2m} \leqq \mathrm{Re}(\alpha) \leqq \frac{k}{2}+\frac{1}{2m} \quad (m=1,2,3,\cdots)$$

となる．そこで，$m \to \infty$ とすると

$$\mathrm{Re}(\alpha)=\frac{k}{2}$$

となって (B)（リーマン予想）を得る．

なお，このやり方を $\zeta_{\mathbb{Z}}(s)$ の場合に適用することが黒川テンソル積の目的の一つであり，進展については赤塚広隆の論文

H.Akatsuka "The double Riemann zeta function"［二重リーマンゼータ関数］Communications in Number Theory and Physics **3** (2009) 619–653

を読まれたい．そこでは，黒川テンソル積

$$\zeta_{\mathbb{Z}}(s)^{\otimes 2}=\zeta_{\mathbb{Z}}(s)\otimes\zeta_{\mathbb{Z}}(s)$$

のオイラー積表示を明示的に計算してある．そのオイラー積表示と関数等式から，$\zeta_{\mathbb{Z}}(s)$ の虚の零点 ρ に対して

$$\begin{aligned}\zeta_{\mathbb{Z}}(\rho)=0 &\Longrightarrow \frac{1}{2} \leqq \mathrm{Re}(2\rho) \leqq \frac{3}{2}\\ &\Longrightarrow \frac{1}{4} \leqq \mathrm{Re}(\rho) \leqq \frac{3}{4}\end{aligned}$$

が証明できると期待される．同様の計算を $\zeta_{\mathbb{Z}}(s)^{\otimes m}$ $(m=1,2,3,\cdots)$ にすると

$$\begin{aligned}&\zeta_{\mathbb{Z}}(\rho)=0\\ &\Longrightarrow \frac{m-1}{2} \leqq \mathrm{Re}(m\rho) \leqq \frac{m+1}{2} \quad (m=1,2,3,\cdots)\\ &\Longrightarrow \frac{1}{2}-\frac{1}{2m} \leqq \mathrm{Re}(\rho) \leqq \frac{1}{2}+\frac{1}{2m} \quad (m=1,2,3,\cdots)\\ &\overset{m\to\infty}{\Longrightarrow} \mathrm{Re}(\rho)=\frac{1}{2}\end{aligned}$$

となるリーマン予想の証明を描くことができる．

さて，グロタンディークの業績については，いくら強調してもし過ぎるということはない．グロタンディークの人と数学については，長年グロタンディークを研究されてこられた山下純一さんの著作を読まれたい：

[Y1] 山下純一『数学思想の未来史　グロタンディーク巡礼』現代数学社，2015年，

[Y2] 山下純一『グロタンディーク　数学を超えて』日本評論社，2003年．

ここに書かせていただくと，私は幸運にも山下純一さんから1970年代はじめにグロタンディークに至る数学の歴史について古代から現代までの数千年にわたる流れを大きな黒板いっぱいを使って個人授業していただいたことがある．それは，東工大本館の地下教室であった．大変有難いことであって，昨日のことのように半世紀前の特別授業を覚えている．

さらに，日本ではグロタンディークの次の著作の日本語訳が出版されていて幸いである：

[G1] アレクサンドル　グロタンディーク『数学者の孤独な冒険――数学と自己の発見への旅（収穫と蒔いた種と）』辻雄一訳，現代数学社，1989年［新装版，2015年］，

[G2] アレクサンドル　グロタンディーク『数学と裸の王様――ある夢と数学の埋葬』辻雄一訳，現代数学社，1990年，

[G3] アレクサンドル　グロタンディーク『ある夢と数学の埋葬――陰と陽の鍵』辻雄一訳，現代数学社，1993年．

12.7　反例と口直し

零和構造が安易に成立すると思われては困るので反例を考えよう．そうすることによって，山椒のようにピリっとする．数学では，成り立つ場合だけ知っているのでは，浅い理解に留ってしまう．このような試練を乗り越えると深い意味で「零和原理」と呼ばれる．

練習問題 5　$X=\mathbb{G}_m=GL(1)$，$Y=\mathbb{P}^n$ $(n\geqq 1)$ とし，

$$Z_1(s)=\zeta_{X/\mathbb{F}_q}(s),\ Z_2(s)=\zeta_{Y/\mathbb{F}_q}(s),$$
$$Z_{12}(s)=\zeta_{X\times Y/\mathbb{F}_q}(s)$$

とする．ただし，q は素数べきおよび1である．このとき，零和構造

$$\left.\begin{aligned}Z_1(\alpha)&=0,\infty\\ Z_2(\beta)&=0,\infty\end{aligned}\right\}\Longrightarrow Z_{12}(\alpha+\beta)=0,\infty$$

は成立しないことを示せ．

解答

$f_1(x)=x-1$，$f_2(x)=x^n+x^{n-1}+\cdots+1$，$f_{12}(x)=f_1(x)f_2(x)$ $=x^{n+1}-1$ とおく．q が素数べきのときは，

$$Z_1(s)=\exp\left(\sum_{m=1}^{\infty}\frac{f_1(q^m)}{m}q^{-ms}\right)=\frac{1-q^{-s}}{1-q^{1-s}},$$

$$Z_2(s)=\exp\left(\sum_{m=1}^{\infty}\frac{f_2(q^m)}{m}q^{-ms}\right)$$
$$=\frac{1}{(1-q^{n-s})(1-q^{n-1-s})\cdots(1-q^{-s})},$$

$$Z_{12}(s)=\exp\left(\sum_{m=1}^{\infty}\frac{f_{12}(q^m)}{m}q^{-ms}\right)=\frac{1-q^{-s}}{1-q^{n+1-s}}$$

である．したがって，$\left.\begin{aligned}Z_1(0)&=0\\ Z_2(n)&=\infty\end{aligned}\right\}$ であるが

$$Z_{12}(n)=\frac{1-q^{-n}}{1-q}=-q^{-1}[n]_{q^{-1}}\neq 0,\infty$$

となって零和構造は不成立である．

$q=1$ のときは，

$$\begin{aligned}Z_1(s)&=\frac{s}{s-1},\\ Z_2(s)&=\frac{1}{(s-n)(s-(n-1))\cdots s},\\ Z_{12}(s)&=\frac{s}{s-(n+1)}\end{aligned}$$

となる．したがって

$$\left.\begin{aligned}Z_1(0)=0\\ Z_2(n)=\infty\end{aligned}\right\}\text{であるが } Z_{12}(n)=-n\neq 0,\infty$$

となって，零和構造は不成立である．　［**解答終**］

不成立で終るのも後味が悪いので，口直しも添えよう．非特異射影的の場合は済んでいるので，そうでないものをやってみよう．

練習問題 6　$X=\mathbb{G}_m=GL(1)$ に対して

$$Z_r(s)=\zeta_{X^{\otimes r}/\mathbb{F}_q}(s)\quad(r=1,2,3,\cdots)$$

とする．ただし，$X^{\otimes r}=\underbrace{X\times\cdots\times X}_{r\text{個}}$ であり，q は前問と同じとする．このとき，零和構造

$$\left.\begin{aligned}Z_r(\alpha)=0,\infty\\ Z_{r'}(\beta)=0,\infty\end{aligned}\right\}\Longrightarrow Z_{r+r'}(\alpha+\beta)=0,\infty$$

が成立することを示せ．

解答　素数べきの q に対しては

$$\begin{aligned}Z_r(s)&=\exp\left(\sum_{m=1}^{\infty}\frac{(q^m-1)^r}{m}q^{-ms}\right)\\ &=\prod_{k=0}^{r}(1-q^{k-s})^{(-1)^{r-k+1}\binom{r}{k}}\end{aligned}$$

となるので，

$$Z_r(s)=0,\infty \iff s=k+\frac{2\pi\sqrt{-1}}{\log q}\ell,$$

$$k=0,1,\cdots,r\ ;\ \ell\in\mathbb{Z}$$

である．また，$q=1$ のときは

$$Z_r(s)=\prod_{k=0}^{r}(s-k)^{(-1)^{r-k+1}\binom{r}{k}}$$

となるので

$$Z_r(s)=0,\infty \iff s=0,1,\cdots,r$$

である．よって，いずれの場合にも

$$\begin{cases} Z_r(\alpha)=0,\infty \\ Z_{r'}(\beta)=0,\infty \end{cases}$$

のときに

$$Z_{r+r'}(\alpha+\beta)=0,\infty$$

が成立する． ［**解答終**］

一般の X に対して $Z_r(s)=\zeta_{X^{\otimes r}/\mathbb{F}_q}(s)$ としたとき，零和構造

$$\left.\begin{aligned} Z_r(\alpha)=0,\infty \\ Z_{r'}(\beta)=0,\infty \end{aligned}\right\} \Longrightarrow Z_{r+r'}(\alpha+\beta)=0,\infty$$

がどうなるかは宿題としておこう．

12.8 零和時代

「令和」が数学者・天文学者・歴法学者の張衡（チョウコウ，Zhang Heng, 78 年 –139 年）の『帰田賦』の一節「仲春令月時和気清」というすがすがしい春の景色 —— ゼータ惑星のようだ —— の描写から（その 600 年後の『万葉集』を経て）来ている

というのは，数学関係者としてうれしい限りである．彼は数学書『算罔論』や天文学書『霊憲』(月食の解明を含む）などを著し，「渾天儀」(天球儀）や「地動儀」(地震計）なども世界に先駆けて製作しており，南陽市に張衡墓と張衡記念館がある．『帰田賦』は都で論理の通らぬことにあきあきして田舎に帰るという批判の書であった．

それから 1900 年経って，隣りの日本にも論理の通る真の零和時代の到来である．

あとがき

本書を読まれた読者は，ゼータがたくさんの個性豊かな数学者の探検によって発展してきたことを実感されたことでしょう．

ゼータの育て方は植物の育成法に通ずるものがあります．植物については名著

カレル・チャペク『園芸家の十二箇月』(中公文庫など)

に詳しく記述されていますので説明するまでもないでしょう．本書がゼータ育成法への良い案内となっていることを願っています．実際，ゼータは植物のような生物 ―といっても「ゼータ惑星」のものですが― と考えることができます．その先に，現在『現代数学』誌に連載中の「ゼータ進化論」があります．そちらも読んでいただければ幸いです．ゼータをゆっくり二万五千日は考えましょう．

本書は『現代数学』誌 2019 年 4 月号〜2020 年 3 月号の連載「ζの十二箇月」を第 1 章(4 月)〜第 12 章(3 月)にまとめたものです．編集長の富田淳さんには，いつもの通り大変お世話になりました．深く感謝申し上げます．

個人的なことですが，この連載の期間には初孫を抱くことができました．この混迷の時代に，未来への明るい光を感じます．

ゼータも数学の未来を指し示しています．

2020 年 7 月 14 日　　黒川信重

索 引

▶▶▶ 1 〜 9, A 〜 Z その他

2 重ガンマ関数　39
2 重三角関数　41
DNA 描像　203
EGA　203
SGA　203
ζ(3) の表示　6

▶▶▶ あ行

アイゼンシュタイン級数　112
アイヒラー　30, 72
赤塚広隆　5, 205
アッペル　196
アフィン空間　25
アンベール　67
井草準一　165
井草ゼータ　157
泉信一　124
一元体　83, 194
ウィッテンゼータ　186
ウィルトン　109, 148
ヴェイユ　28
エスターマン　117, 123
エタールコホモロジー　26
オー関数　197
オイラー　1
オイラー積　2
オイラー積原理　135
オイラー定数　75
オイラーの絶対ゼータ　90
小野寺一浩　190

▶▶▶ か行

解析接続不可能　125
ガウスの予想　177
カスプ形式　104
仮想指標環　134
仮想表現環　134
カラビ–ヤウ多様体　110
ガロア体　151
ガロア表現　70
ガロア理論　22
関手性　101
環準同型全体　160
関数等式　2
完全数　160
完全対称版　41
完備セルバーグゼータ関数　39
ガンマ因子　8
ガンマ関数　3
帰田賦　209
既約モニック多項式　21
キュネットの公式　202
共役類　178
行列式表示　41, 203
局所大域原理　73
局所対称空間　45
局所ラングランズ予想　112
局所リーマン予想　132
局所零点　74
極大イデアル　21
極大コンパクト部分群　45
虚数乗法　30
グラフ　48
黒川・落合方式　93

黒川・落合予想　190
黒川テンソル積　84, 193, 196
クロネッカー青春の夢　113, 196
クロネッカーテンソル積　151, 188, 200
クロネッカーテンソル和　200
グロタンディーク　12, 19, 193
グロタンディークの行列式表示　69, 202
群ゼータ　177
ゲッティンゲン講義録　47
合同ゼータ　19
合同ゼータの零和構造　201
固定群　178
古典融合　137
コッホ　5
五等分　89
固有値解釈　59
コルンブルム　19
コンサニ　83
コンヌ　83
コンヌ・コンサニ方式　93
コンパクト位相群　187

▶▶▶ さ行

最大アーベル拡大体　103
最大アーベル剰余群　103
佐武パラメータ　102
佐藤幹夫　106, 109
三角関数　3
三重三角関数　8
山椒　207
ジーゲル　57
ジーゲル保型形式　165
指数関数の加法公式　194
自然境界　125
志村五郎　109, 115
射影空間　87
ジャクソン積分　85
弱対称リーマン空間　35
種数　37
上半空間　37
乗法的関数　118
深リーマン予想　5, 14, 145
スーレ　19, 31, 84
スーレ方式　93
菅野恒雄　115
スキーム　67
スペクトル　44
ゼータ　1
ゼータ育成　117
ゼータ関数の育成　72
ゼータ学習法　22
ゼータ正規化積　42, 198
ゼータの統一理論　10
ゼータ融合　137
整数環　67
積多様体のベッチ数　202
積分表示　6
絶対数学　83
絶対ゼータ　15, 19, 31, 83
絶対ゼータ関数　10
絶対テンソル積　154
絶対フルビッツゼータ関数　75
絶対保型形式　15
絶対保型性　15
絶対融合　137
セルバーグ　33, 35, 109
セルバーグ跡公式　36
セルバーグ条件　43
セルバーグゼータ　32, 35
潜モジュラー性　109
素因数分解の一意性　7
双対　187
双対性　14
素数の解明　3
素多項式　21

素な閉測地線　37

た行

大域ラングランズ予想　112
大域零点　73
対数積分　4
代数多様体　67
代数的集合　67
対数微分　9
タイムトンネル　31
高木貞治　101
多重ガンマ関数　15, 45, 198
多重三角関数　15, 194
多重ゼータ関数　194
谷山豊　13, 30
谷山予想　13, 30
多変数オイラー積　168
単因子論　185
単項イデアル整域　22
淡中圏　115
淡中双対性　115
淡中忠郎　115
置換　64
置換行列　64
張衡　209
中心化群　178
直交関係式　182
テータ関数　165
テイト　106
テイラー　73
ディリクレ　2
ディリクレ L 関数　119
ディリクレ指標　119
テンソル積　150
ドイリンク　72
導手　71
特殊値表示　6
ドボーク　163
ドリーニュ　19, 145
トレース　63

な行

内部自己同型群　178
波日　89
日米数学研究所　165

は行

バーンズ　39, 198
ハッセ原理　73
ハッセゼータ　67
ハッセゼータ関数　29
ハッセ予想　67
波動形式　110
半単純リー群　45
非可換類体論予想　112
表現論　23
ヒルベルト　32
ヒルベルトの零点定理　20
ヒルベルト・ポリヤ予想　61
フーリエ変換　44
フェルマー予想　13
フォン・マンゴルト　4
不動点　64
普遍被覆空間　37
フライ　105
不連続群　35
フロベニウス　177
フロベニウス作用素　26
べき零元　162
ベッチ数　26
ベルヌイ数　6
ボーア　177
保型表現　11
ホモトピー類　37
ポリヤ　32

ま行

マース　111
マジョーレ湖　57
マニン　84, 196
万葉集　209
メビウス関数　119
メビウス変換　21, 128
モーデル　145
モジュラー形式　30
モチーフ　84

や行

山下純一　206
有限ゼータ　157
有限生成群　99
有限体全体　98

ら行

ラーデマッヘル　123
ラプラス作用素　41
ラマヌジャン　143
ラマヌジャンのτ関数　119
ラマヌジャンのΔ関数　119
ラマヌジャン融合　137
ラマヌジャン予想　12, 145
ランキン　109
ランキン・セルバーグ融合　137
ラングランズ　10
ラングランズ革命　116
ラングランズガロア群　113
ラングランズ対応　102
ラングランズ哲学　112
ラングランズ予想　101
ランダウ　19, 133, 177
リーマン　1
リーマン・ジーゲル公式　36
リーマン積分　85
リーマン多様体　48
リーマンの遺稿　57
リーマンの素数公式　3
リーマンの手計算　58
リーマン面　32
リーマン予想　3, 51
リーマン予想日　88
離散多様体　48
離散部分群　45
類体論　101
類体論の基本定理　103
零点　3
零点・極の明示式　2
零和原理　207
零和構造　193, 196
零和時代　209, 210
レルヒの公式　199
連続多様体　48
ロス　123

わ行

ワイルズ　73
ワルフィッツ　133

著者紹介：

黒川信重（くろかわ・のぶしげ）

1952 年生まれ

1975 年　東京工業大学理学部数学科卒業

東京工業大学名誉教授，ゼータ研究所研究員

理学博士．専門は数論，ゼータ関数論，絶対数学

主な著書 (単著)

『オイラー , リーマン , ラマヌジャン 時空を超えた数学者の接点』岩波書店，2006 年

『オイラー探検　無限大の滝と 12 連峰』シュプリンガー・ジャパン，2007 年；丸善出版，2012 年

『リーマン予想の 150 年』岩波書店，2009 年

『リーマン予想の探求　ABC から Z まで』技術評論社，2012 年

『リーマン予想の先へ　深リーマン予想 ––DRH』東京図書，2013 年

『現代三角関数論』岩波書店，2013 年

『リーマン予想を解こう 新ゼータと因数分解からのアプローチ』 技術評論社，2014 年

『ゼータの冒険と進化』現代数学社，2014 年

『ガロア理論と表現論　ゼータ関数への出発』日本評論社，2014 年

『大数学者の数学・ラマヌジャン／ζの衝撃』現代数学社，2015 年

『絶対ゼータ関数論』岩波書店，2016 年

『絶対数学原論』現代数学社，2016 年

『リーマンと数論』共立出版，2016 年

『ラマヌジャン探検 ––天才数学者の奇蹟をめぐる』岩波書店，2017 年

『絶対数学の世界 ––リーマン予想・ラングランズ予想・佐藤予想』青土社，2017 年

『リーマンの夢』現代数学社，2017 年

『オイラーとリーマンのゼータ関数』日本評論社，2018 年

『オイラーのゼータ関数論』現代数学社，2018 年

『零点問題集』現代数学社，2019 年

『リーマン予想の今，そして解決への展望』技術評論社，2019 年

ほか多数.

零和への道 ― ζの十二箇月

2020年 8月25日　　初版1刷発行

著　者　　黒川信重
発行者　　富田　淳
発行所　　株式会社　現代数学社
〒606-8425 京都市左京区鹿ヶ谷西寺ノ前町1
TEL 075（751）0727　FAX 075（744）0906
http://www.gensu.co.jp/

検印省略

装　幀　　中西真一（株式会社 CANVAS）

印刷・製本　　亜細亜印刷株式会社

ISBN 978-4-7687-0539-1